好好吃饭
好好爱

作者 / 沈小怡

江苏凤凰科学技术出版社
国家一级出版社　全国百佳图书出版单位

Chapter 5

因时而吃

当时当令才是恰好

香椿拌豆腐 134

有些美好，过期不候

葱香蚕豆 137

一口尝尽春日的鲜

腌笃鲜汤 141

夏来茭白胜春笋

素六丝 144

冬天的风冷，但是你暖啊

糖烤栗子 147

用心的美食会说情话

酱油肉蒸冬笋 151

让胃长到热带海岛

手抓羊肉饭 154

Chapter 6

食养好味

豆子煮开了花，心上也开出了花

三豆汤 160

在喉咙里跳了支舞

青菜咸肉芋艿糊 163

最爱的始终是最初的你

芦笋炒蘑菇 166

冬天里让你如沐春风

肚包鸡汤 169

吃藕不丑还微甜

莲藕排骨汤 172

没有一个胖头鱼能逃过砂锅

粉皮鱼头汤 175

春风十里，不如荠菜半斤

荠菜肉丝炒年糕 178

抚慰心灵的夏日解药

红糖姜枣膏 181

Chapter 7

颜值最高

星星落进了你的碗里
秋葵炖蛋 186

咬一口不老的灵魂
菠萝咕咾肉 189

从此走向人生巅峰
花开富贵虾 193

让人迷恋的甜蜜馅儿
拔丝红薯 197

年年有鱼年年余
开屏鲈鱼 201

上桌了还滋滋作响
烂糊鳝丝 204

这款蛋挞，让你边吃边瘦
香菇蛋挞 207

质朴无华见纯真
荷塘小炒 210

咬一口就是满满的幸福
糖果烤肠 213

食碗糖水，消暑气
杨枝甘露 216

Chapter 8

网红美食

层层酥香扑面而来
鲜肉月饼 222

清香软糯一口一个
咸蛋黄肉松青团 226

比粽子好吃一千倍
黄金糯米蛋 230

夜市的精彩都在这里
鸡翅包饭 233

摘一朵云烤给你吃
火烧云吐司 237

黄金满地嘎吱脆
玉米烙 240

后记 241

秋叶 / 推荐序 1

为生活增添美好的味道

　　我认识沈小怡的时候，她还没开始做小怡私房菜，那时她在上海金融圈做白领，工作轻松，收入很好，她也很爱学习。

　　一次培训结束后的饭局上，我们认识了，她像一个女主人一样招呼大家，殷勤体贴自然。

　　我当时就想，这个女孩子恐怕不是上海本地人。

　　这的确是我的偏见，过去我总觉得上海本地的女孩子不会这样懂分寸，然而小怡让我打破了偏见。

　　小怡爱上做菜背后有故事，我凑巧知道一点她这条路走出来的艰辛。

　　她一开始对于厨艺全然外行，从小到大都是吃妈妈的爱心美食，哪用自己动手。等嫁了人，开始学着为心爱的人准备美食，无意发现自己在厨艺上的天赋。果然是巴尔扎克的名言说得好：征服男人要通过他的胃。

　　做菜可能人人都得学，所以做得好尤其不易。小怡迷上厨艺后在上海到处拜师，还带着我去吃了不少好馆子，把我介绍给大厨，说我是网红，那时真没有想到小怡有一天做菜也能成为网红。

　　小怡后来在家尝试做私房菜，请我们去品尝过一次。味道当然很好，就是带着一个打下手的人，忙了两个多小时，把中餐吃成了法式大餐的节奏。

　　小怡问我怎样才能在餐饮行业做出影响力？我说前有文怡，后有小怡。你这么美，又年轻，时间是站在你这边的。

　　我劝她开微信公众号，有机会研究拍短视频，别人只会做菜，你懂传播美食，这就是 1+1 > 2。

　　一不做二不休，小怡带着相机开始了她的美食探店路，她写写写，我们帮忙敲敲边鼓，三年过去，她真的写出来了，现在微信公众号吸引一帮吃货，还被"一条""方太"邀请合作视频或节目。

　　小怡写美食，不是列菜谱，而是写她身边的人间烟火味。我喜欢看她的文章，每每读来都像看到自己的妹妹兴奋跑来和大家分享：我又发现了一个好吃的耶！

　　她的美食世界里有她的生活，有她对这个残酷世界的美好的温柔。

　　小怡对美食的坚持，背后是她对人生的信念：我只为生活增添美好的味道。

　　后来小怡问我能否把这些年积累的美食故事写成书，我说我举双手赞成，不会写我教你。她 2018 年初来我的写书私房课，问我书稿怎样，我把她留在武汉关了一周整理思路，然后我对她说，好好写，你这次遇到了好编辑，懂行。

　　好事多磨，一年为期，小怡从构思到出版，新书终于千呼万唤始出来。

　　我诚意和大家推荐这本书，让我们在阅读的过程中，享受为自己的生活增添一点美好的味道。

王老虎 / 推荐序 2

味到深处
即为家

我们，会一起吃很多很多顿饭。

因为，我爱你。

小怡妹妹要出一本新书，叫《好好吃饭好好爱》，想让老虎给她的新书写点东西，老虎才疏学浅，诚惶诚恐。

认识小怡有四五年了，2014 年老虎带队去上海拍摄美食纪录片《搜鲜记》，小怡带着我们在上海拍摄，初印象中，小怡是一个总是浅笑吟吟的可爱的南方囡囡，人长得美，聪明伶俐，还做得一手好菜，这样的女子，怎能不让人喜欢？

后来虽然见面少了，不过我也一直关心着她的动态，看到小怡做了自己的私房菜小馆，还做了自己的美食自媒体，经常分享自己的美食心得，现在又要出版自己的美食书，很是为她高兴。

书名老虎就很喜欢，《好好吃饭好好爱》，想一想就美好。其实对于我们来说，想家的时候，我们想念的，是一炉炭火的温暖，一缕炊烟的牵挂，是一碗米饭的甘甜，一盘炒菜的香醇，更是一句回家吃饭的呼唤，我们走得越远，这声音越在耳边响起，我们的思念也越来越刻骨铭心……

每一个人的心中，都有一种味道，固执地存在于味蕾和记忆中，一辈子都不会改变，在这些最普通的食物、最家常的味道中，埋藏着我们最真挚最炽热的情感。它触动的不仅是味蕾，更多的是藏在其中的思念和回忆。道不清起始，却始终怀念。

我们的生活，不就是在和亲人、爱人、家人的一顿顿饭中，在光阴的流转中，度过的吗？关于家乡的思念、怀旧、想家的情绪，对亲人、爱人、家人的爱，不都是在一顿顿饭里，得到最温暖妥帖的安放吗？

爱是什么？

爱就是和你一起吃很多很多顿饭。

艾德里安·亨利这样写过：

什么是爱？

爱是冰冷冬夜送来的炸鱼薯条，

爱是满怀莫名的喜悦看你调皮撒娇。

什么是爱？

爱是芝麻绿豆的小事。

爱是每一个他记得你喜欢吃什么的时刻。

爱像变魔术。

它把这个时刻拉长，拉成了几十年。

一辈子。

爱你的人呀，一定会记得你爱吃什么。

爱你的人，一定会惦记着你的一切喜好，并心甘情愿地为你去做。

相爱的情人总会相遇，相亲的亲人总会相伴，味到深处即为家呀。

我们，会一起吃很多很多顿饭。

因为，我爱你。

是为序。

萧秋水 / 推荐序 3

我们在美食里品味幸福人生

《活好》一书中，105 岁的智者日野原重明先生说："家庭就是一起围着吃饭。"

按照这个定义，我和小怡，妥妥的一家人。

认识小怡的时候，她还在金融行业工作。

多年来，我目睹了她的快速蜕变。

现代人普遍喜欢速食，对成长也是如此，然而小怡的快速背后，是高强度的学习和训练，是对自我的严格要求和对美食的执着追求。

我自己也是喜欢做饭的人，特别明白其中的艰辛，这并不是单凭兴趣就能支撑的事情。能够长期坚持做饭，往往是因为给他人做美食，看着别人吃得开心，内心油然而生的幸福感和成就感。

当年，每次去外婆家，都会被塞很多好吃的东西，我曾经开玩笑说，那是"喂猪式的爱"。如今，我并没能胖成猪，外婆却已去世多年。我有时会做外公、外婆、妈妈以前做给我吃的东西，在食物里，有着悠长的忆念。

吃，衍生了生命中无数美好的回忆。就像我每次回家乡曲阜，都一定要去街头的粥摊，要点羊肉泡进粥里，再加个撕碎的油条，特别是冬天，一碗粥下肚，暖洋洋的感觉，让人无比幸福。

吃，是人与人之间种下缘分的开始。我和很多人是如此，和小怡更是如此。

　　我其实是目睹了这本书面世的人。我和小怡在 2018 年年初的时候一起去武汉，在那里闭关写书。

　　白天各自忙碌，到了饭点儿，就一起出去觅食，我俩都喜欢附近一家店的番茄鱼、炸茄盒、干煸藕条，小怡还特意带我和秋叶、慧敏去吃鮨一。

　　回想起来，和小怡之间，真是有着太多的美食回忆，倍加温馨。

　　拥有一个精于美食的朋友是如此幸福，有时候，小怡会把自己卤好的牛肉，用真空包装，顺丰快递到深圳来。她发现的好食材，也经常会寄给我，我的读者们也受惠于她的推荐，放心、营养、好吃，可以说是小怡推荐的标签。

　　在这本书里，小怡分享了她在美食方面的心得和经验，让更多的人明白烹饪的意义，掌握烹饪的技能。当你动手时，你会发现，其实烹饪并不难。

　　我一直认为，懂得吃的人，不管水平高低，在这个人世里，都是给自己增添了很多乐趣。懂烹饪的人，会更明白人世的可贵，也不容易失去希望。吃，让人生丰盛。

　　就算是遇到再大的伤痛，只要还有胃口，还能吃得下东西，人就可以复原。

　　因为有美食，人间就值得来一趟。因为有小怡这样引导美好生活的人，生活就增添了很多幸福。

　　愿这本书不仅为你打开美食之门，更能导向幸福生活。

沈小怡 / 自序

好好吃饭，
是对生活最大的尊重

吃饭是简单的事情，因为每天一日三餐都要吃饭，填饱肚子就行。

吃饭又是不简单的事情，因为每天吃什么，一直是个世纪大难题。

有的人忙于工作，忘记吃饭的时间。

有的人只想着减肥，不敢吃想吃的食物。

有的人就爱吃垃圾食品，根本忘了健康这回事。

有的人边玩手机边应付吃饭，心思完全不在饭桌上。

有的人吃饭就像打仗，连扒带喝地吃完也不知道吃了什么。

……

而我曾经也是这样，不知道好好吃饭的意义在哪里。

2012 年 12 月 12 日，是个百年难遇的好日子。"12"有"要爱"的谐音，据说这一天全球掀起了结婚潮。而我和老龚也在这一天领取了结婚证，原本以为幸福就这么开始了。但没有想到，人生总是充满了坎坷，即便是奔向幸福的路，也不是一帆风顺的。

12 月 16 日的凌晨，妈妈一个人在家里毫无征兆地睡了过去。我和爸爸发疯似的哭泣和呐喊，再也找

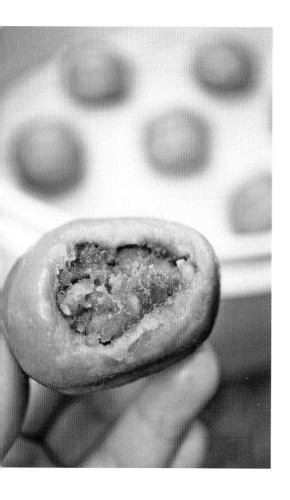

不到最爱我们的那个人，整个世界瞬间变得黑暗，就像一个无助的黑洞。有人说，这是乐极生悲，而我更愿意相信，这是老天给我开了一个善意的玩笑。

妈妈走后的第一个夜晚，特别黑特别冷，让人浑然忘记还有吃饭这件事。看着因为悲伤过度而神情有些呆滞的爸爸，还有因为操劳过度而略显疲态的老龚，我突然意识到无论如何，还是要好好吃饭。

在老龚的鼓励下，我开始走进厨房，尝试做每日的三餐。各种 App 成了我的启蒙老师，每做一道菜，我都要搜索，做一遍经常以失败告终，不是没烧熟就是味道咸了，但是我完全没有因此而打退堂鼓。因为我渴望家庭的温暖，所以才愿意去学习厨艺，去改变生活状态。正是因为内心深处对温暖的渴望，我慢慢把这份情愫带到食物中，触动到家人、朋友、宾客甚至我的学员，让他们也深刻感受到：好好吃饭，才是对生活最大的尊重。

生活，永远充满了无限的可能；运气，永远站在努力的这一边。

我从一名金融小资女，辞职成为家庭主妇，在厨房里发现自己的天赋和兴趣，成功创办了私人厨房"小怡私房菜"和"沈小怡"公众号，并从家里勇敢走出去，成为一名厨艺老师，不但在"方太生活家"线下教授，还在线上开办了"小怡的厨房"厨艺社群，和"一条美食台"合作拍摄烹饪视频，成为欣和集团的年签KOL，多次登陆电视荧屏，并被邀请上了央视二套的《回家吃饭》节目。

一路走来，我交到了很多的朋友、帮助了很多的家庭，更是提升了自己的幸福感、改变了自己的命运。

如果回到报考高考志愿那时，估计怎么也想不到我居然会日后跨界从事美食的工作……

如果回到参加工作的第一天，估计怎么也想不到我居然会辞去一份干了7年的工作……

如果回到自学厨艺开始阶段，估计怎么也想不到我会依靠当初的那份勇气坚持下来……

如果回到开始写公众号那天，估计怎么也想不到我竟然可以依靠写作赚钱养活自己……

如果回到首次登上荧幕时候，估计怎么也想不到我有一天可以登陆CCTV教大家做菜……

太多的想不到，这大概就是人生。

站在时光的路口回望曾经，盘点每一份经历过的心情，我特别想写下点什么，和喜欢我的人分享其中的点点滴滴，以及这些年我做过的美食，希望看到这里的你也能收获更好的自己、朋友、健康和幸福。

Chapter 1

儿时记忆

　　如今再也吃不到妈妈做的韭菜盒子了，但是妈妈说过的话，却经常回响在我的耳边："韭菜盒子里除了盐和芝麻油，就不用再放其他的调味品了，最好的调味品就是爱。遇到美味，要懂得分享，把爱和快乐传递出去，才能得到更多的爱和快乐。"

人生真味不过平淡二字

小时候，每每临近过年，外婆家的楼道里就会垒起齐腰高的白菜堆。为了让白菜保持新鲜，外婆总是小心翼翼地用废纸把它们包裹起来。隔一段时间，还要挨个儿打开看看有没有烂掉的，然后再重新码放一遍。

那时候老百姓的日子普遍拮据，白菜凭其价廉物美自然就成了家家户户必备的蔬菜。外婆每次看我经过楼道，总要提醒再三，生怕我走路踩到白菜，但做起菜来却很舍得用，总是抓起大把大把的白菜往锅里扔："白菜营养丰富，小孩子多吃身体好，还能清热解毒。"

一大锅热气腾腾的白菜猪肉炖粉条端上桌，立时香气四溢。寒冷的冬日，全家人围坐在一起，你一筷我一筷，呲溜呲溜地抢着吃，那叫一个过瘾！

软绵香甜的白菜、肥而不腻的五花肉、筋道爽滑的粉条，三种食材搭配在一起简直就是绝配。平凡的白菜经过外婆的巧手烹饪，成了家人口中的极致美味，也唤醒了我们身体里对美好生活的渴望。

NOTE

1. 如果使用干粉条，粉条需要用温水才能完全泡发。用冷水泡不但不能充分泡发，还容易造成糊锅。用热水泡会欲速则不达，外表软里面坚硬。

2. 可以在白菜猪肉炖粉条里放一些猪油渣，能够增加油脂，让白菜和粉条更有肉味，猪油渣浸泡汤汁后也会更加软嫩。

3. 可以根据自己的口味添加不同的食材，比如香菇、豆腐等。

白菜猪肉炖粉条

参考分量 2~3 人份 制作时间 20 分钟 难易程度 ★★☆☆☆

用料
Ingredients

白菜 / 300 克

猪五花肉 / 150 克

粉条（湿）/ 250 克

调料
Seasoning

生姜 / 1 片　　干辣椒 / 3 个

大蒜 / 2 瓣　　生抽（酱油）/ 20 毫升

小葱 / 1 根　　油 / 适量

做法
Steps

1. 白菜洗净切块，梗叶分开；生姜切丝；大蒜切末；猪五花肉切片。

2. 热锅倒油，爆香姜丝、蒜末和干辣椒后，猪五花肉入锅中煸炒至出油，表面焦黄。

3. 白菜梗煸炒至变软，再放入白菜叶翻炒，倒入生抽翻炒均匀。

4. 倒入清水，没过白菜即可，粉条入锅，大火烧开，加盖，小火慢炖 20 分钟，炖至汤汁浓稠，撒葱花出锅。

绵绵的肉，满满的爱

　　在我们家，红烧狮子头是外公的拿手好菜。每到除夕的下午，外公就会一个人待在厨房里绵绵细细地剁肉，为年夜饭准备这道菜。

　　狮子头有清炖、清蒸和红烧三种做法，清炖狮子头，口感松软，肥而不腻；清蒸狮子头，口感咸鲜，肉质滑嫩；红烧狮子头，口感香甜，入味下饭。每种我都喜欢。外公总说，机器绞的肉没有自家剁的香，所以从来不肯偷懒。的确如此，虽然剁肉很累，但是手剁的肉馅做成的狮子头口感更松软，有入口即化的感觉，制作中也更能感受到为家人烹制美食的那种幸福。

　　狮子头，做起来并不难，但要做得好吃，着实要动点小功夫。肉馅最好是四分肥六分瘦，有时间的还是自己用刀剁更香，但也不能剁得太细，否则肉与肉之间没有了空隙，容易没有汁水。如果喜欢创新，还可以在狮子头里包裹一个新鲜的咸蛋黄，让狮子头变得与众不同。

　　做菜就像做人，要有自己的态度和想法。

NOTE

1. 猪夹心肉建议买四分肥六分瘦的，最好没有筋膜。

2. 葱姜水是用葱段和姜丝浸泡 30 分钟，挤压和过滤后的水。用葱姜水代替料酒、姜末、葱末等，不但可以去除肉腥味，还能去除颗粒口感。葱姜水一定要分批倒入，并且顺着一个方向搅拌肉糜，这样更容易上劲。

3. 两手交替摔打肉丸，可以震出肉丸中的空气，以免肉丸散开坍塌。

4. 油炸的时候，可以选用口径小、有深度的锅，这样不但省油，还炸得均匀。油炸的目的是为了定型，所以千万不要炸过头。

5. 在烫小青菜的水里滴油，可以使小青菜保持翠绿的颜色。

红烧咸蛋黄狮子头

参考分量 30~40 人份   制作时间 80 分钟   难易程度 ★ ★ ★ ☆ ☆

用料
Ingredients

猪夹心肉 / 2500 克

马蹄 / 300 克

油条 / 1 根

白馒头 / 1 个

鸡蛋 / 4 个

生咸蛋 / 50 个

小青菜 / 3 颗

开水或高汤 / 2000 毫升

油 / 适量

调料
Seasoning

定型狮子头：

葱姜水 / 20 毫升

盐 / 10 克

白砂糖 / 10 克

白胡椒粉 / 10 克

生抽（酱油）/ 20 毫升

老抽（酱油）/ 10 毫升

蚝油 / 20 毫升

蒸熟咸蛋黄：

白酒 / 10 毫升

红烧狮子头：

葱段 / 10 根

姜片 / 3 片

生抽（酱油）/ 100 毫升

老抽（酱油）/ 50 毫升

黄冰糖 / 80 克

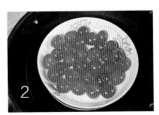

做法
Steps

1. 猪夹心肉剁成肉糜；马蹄去皮剁碎；油条、白馒头切丁；小青菜清理洗净。

2. 生咸蛋敲碎，取蛋黄，在咸蛋黄里倒入白酒。锅里烧水，水开后把咸蛋黄放入，中火蒸 15 分钟。

3. 肉糜里分批倒入葱姜水，顺着一个方向搅拌。再打入
   鸡蛋，撒盐、白砂糖、白胡椒粉、生抽、老抽和蚝油，
   继续顺着一个方向搅拌。最后拌入切好的马蹄碎、油
   条丁和馒头丁，拌匀。

4. 拌好的肉糜按成饼状，再把冷透的咸蛋黄放到中间，
   收口裹紧，两只手交替把肉丸摔打三四次。

5. 热锅倒油，烧至表面微微冒烟。把肉丸放入锅里，中
   火炸至表面金黄，沥油捞出。

6. 锅里留有余油，放入葱段和姜片爆香，倒入稍多一些的开水或高汤烧开，再倒入生抽和老抽，撒入黄冰糖，放入炸好的咸蛋黄狮子头，大火烧开转小火，加盖炖煮 20 分钟左右，稍稍中火收汁。

7. 另拿一个干净的锅，加水烧开，滴入 2 滴油，放入小青菜烫熟，和咸蛋黄狮子头一起摆盘。

所有的美好，都值得被传承

除夕夜的年夜饭，对中国人而言，永远是一年之中最重要的一顿晚餐；对我们家而言，永远是一年之中最讲究的一顿晚餐。

爷爷在世时，家里的年夜饭都是由他一个人操办，荤菜素菜、热菜凉菜、汤煲点心，可以说是一应俱全。不但味道好、摆盘好，还要讨口彩、图吉利。

四喜烤麸便是必不可少的一道口彩菜，里面除了主料烤麸以外，还有香菇、黄花菜、黑木耳、花生米四味配料。这道菜可以说是我家餐桌上的常客，爷爷说："烤麸，靠夫，吃了烤麸，家里的男同胞在新的一年里都可以事业有成。"

于是，大家纷纷举筷，夹起烤麸就往嘴里送。我用力咬上一口，烤麸弹性十足，饱满的汤汁从烤麸的小孔里漫溢出来，吃口甜，回口咸，唇齿留香，回味无穷。

吃完一口烤麸，继续听爷爷眉开眼笑地解释他的那些口彩菜："蛋饺寓意金元宝、百叶包寓意如意卷、春卷寓意金条、年糕寓意节节高……"爷爷说一道，我们就吃一道。你一筷子我一筷子，此起彼伏热闹不已。

一道道的口彩菜，把我们从潦草琐碎的日常中拉出来，将无尽的心意和诚挚的祝福在一菜一碟里传递，更是大家对幸福生活的一种向往和期盼。

所有的美好，都值得被传承，哪怕它只是一道口彩菜。

NOTE

1. 手撕的烤麸比刀切的烤麸，更容易入味。

2. 烤麸用盐水焯水，并在水龙头底下多次冲洗挤压，反复操作更容易去除豆腥味。

3. 炸烤麸时，油量要多，油温要高，动作要快，烤麸外脆里嫩的状态最佳。

4. 焖煮烤麸时，添加的水以没过烤麸为准，如泡发香菇的水不够，可补充清水。泡发香菇的水过滤后入菜，自带鲜香味。

5. 一定要舍得放糖和酱油，而且得小火慢慢煮透，才能让烤麸吸满汤汁。

6. 花生用热盐水浸泡，可以方便去皮。花生米在摆盘时再放入，可以保持它的香脆口感。

四喜烤麸

| 参考分量 | 3~4 人份 | 制作时间 | 40 分钟 | 难易程度 | ★★★★☆ |

用料

烤麸 / 200 克

干香菇 / 10 克

干黑木耳 / 3 克

黄花菜 / 25 克

花生米 / 10 克

调料

八角 / 1 颗

桂皮 / 1 段

黄冰糖 / 70 克

海鲜酱 / 15 毫升

生抽（酱油）/ 25 毫升

老抽（酱油）/ 15 毫升

蚝油 / 10 毫升

芝麻油 / 10 毫升

油 / 适量

盐 / 适量

做法

1. 干香菇、干黑木耳、黄花菜提前 2 小时用冷水泡发，清理洗净。香菇切块，黑木耳去蒂撕块，黄花菜去根打结，泡发干香菇的水过滤后留用；花生米用热盐水浸泡 3 分钟左右，剥皮沥干；烤麸用手撕成均匀的块状。

2. 将撕好的烤麸冷水入锅、撒盐，焯水，中火煮 2 分钟左右捞出，一边用水龙头冲洗，一边用手挤压烤麸里面的水分，反复操作 10 余次，沥干。

3. 锅里倒油，油量要多，热锅冷油先炸花生米，花生米炸至金黄色捞出；继续把油烧热，烧至表面微微冒烟，把烤麸放入锅里油炸，炸至表面金黄色捞出。

4. 倒出余油，锅里留有底油，爆香八角和桂皮。把烤麸、干香菇、黑木耳、黄花菜依次放入锅里，再倒入前面泡发干香菇的水，倒入生抽和老抽，撒入黄冰糖，加入海鲜酱，大火烧开后，转至小火，加盖焖煮 20 分钟左右。

5. 大火收汁，加入蚝油，淋入芝麻油，翻炒均匀后出锅，撒上花生米摆盘。

家人喜欢才是最好的味道

　　糖醋排骨，特别家常的一道菜，几乎是上海小囡从小吃到大的。但是同样一道菜，每家每户的做法并不一样。有人喜欢先油炸后裹汁，有人喜欢先焯水再焖酥，没有谁对谁错，毕竟口味一直都是很私人化的东西，能够做出家人喜欢吃的味道就算成功了。

　　小时候住在外公外婆家，每隔三五天就能闻到糖醋排骨的香味，这股酸酸甜甜的味道就像是一阵风，定期会吹来我家。浓郁的香气散落在屋子里的每个角落，空气里的每一寸仿佛都有酸甜分子在翩翩起舞。

　　有一次，我被这味道实在是馋到口水直流，冲出房间去"破案"，找寻香味的源头。原来是隔壁爷叔在烧糖醋排骨！为了散味，他还故意把房门打开，简直就是赤裸裸的诱惑。

　　爷叔看见我在他家门口晃悠，便盛了一小碗糖醋排骨给我解馋。这糖醋排骨看着就很有食欲，色泽红润油亮，口味酸甜鲜香。我最喜欢包裹在排骨上的糖醋汁，一点也不想浪费，一口一块吃得可香了，最后直接用舌头去把碗舔了个底朝天。

　　至今我还记得当时那股酸酸甜甜的味道，尤其是在没有食欲的日子，做一份糖醋排骨给老龚吃，再搭配一碗白米饭。老龚吃得心花怒放，我也乐在其中。和懂的人一起分享美食，才能让下厨这件事变得更快乐！

NOTE

1. 这道菜也可以选用猪小排，猪肋排相对硬骨少软骨多。

2. 陈醋一定要分两次放入，第一次放入的陈醋可以加速猪肋排的酥软，第二次放入的陈醋才是最后的调味。

3. 加水一定要加热水，否则冷水会让猪肋排烧不酥。

4. 大火收汁时，一定要注意翻动猪肋排，以免烧焦粘底，一锅尽毁。

5. 做这道菜还可以创新放几颗话梅提味。

糖醋排骨

参考分量 2~3 人份　制作时间 60 分钟　难易程度 ★★★☆☆

用料
Ingredients

猪肋排 / 500 克

调料
Seasoning

姜片 / 3 片	生抽（酱油）/ 20 毫升
葱 / 6 段	老抽（酱油）/ 10 毫升
料酒 / 10 毫升	黄冰糖 / 30 克
油 / 适量	陈醋 / 40 毫升

做法
Steps

1. 锅里放水，把猪肋排冷水入锅，水开后中火煮 2 分钟后关火，洗去血水和浮沫，沥干。将焯肋排的水过滤备用。

2. 热锅冷油，把姜片和葱段爆香，再把猪肋排放入锅里煸炒至微微发黄。

3. 把料酒、生抽、老抽、黄冰糖和一半的陈醋放入锅里，翻炒均匀。加入过滤好的肋排水，刚好没过肋排，煮开后转小火，盖上锅盖焖煮 40 分钟左右。

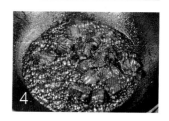

4. 用筷子戳一下猪肋排，戳得动就能大火收汁了。出锅前 5 分钟，把另一半的陈醋（20 克）沿锅壁均匀淋入锅里，翻炒均匀后，出锅摆盘，撒上葱花（1 段）即可。

倾倒了时光，温暖了夜

　　小时候父母工作忙，所以我有很长一段时间是和外公外婆住在一起的"留守儿童"。外婆家在城隍庙附近，对面就是舅舅家。我常常等到 22 点以后溜出门，跟着舅舅舅妈出去深夜报（复）社（会）。

　　那时候的城隍庙周边，可以说是越夜越美丽。一过 22 点，所有的摊位都会准时出摊，烤鱿鱼、炸鸡腿、麻辣烫、烤羊肉串、炸臭豆腐、砂锅小馄饨……应有尽有，就像一座庞大的深夜食堂。

　　热闹的夜市里，有一家很特别，远远就能听到沉稳而有规律的"砰砰砰"的敲打声。那是老板娘在用辣酱油瓶子敲打猪排，"酱油瓶底部是凹进去的，这样敲出来的猪排口感更嫩。"老板娘又顺手拿来一块提前腌制好的猪排，放在倒满粗粒面包糠的脸盆里，用一个辣酱油瓶子的底部敲打，让面包糠忘我地和猪排融为一体，动作流畅娴熟。

　　然后把猪排投入到油锅里，油花翻腾跳跃，猪排在滚烫的热油里发出嘶啦嘶啦的响声，表面渐渐泛起金黄色，老板赶紧夹起，沥油出锅，哐哐哐切上几刀，就打包递给客人，一气呵成，还不忘提醒客人一句："先吃原味的，口味重的再蘸辣酱油。"

　　我是这家的常客，经常象征性地吹上两下，就心急火燎地咬下一口，好烫啊，可是越嚼越香，外脆里嫩，柔软多汁，腾腾热气和阵阵肉香迎面袭来，深夜饥饿的灵魂瞬间为之倾倒。

　　那种舒适随意的市井气，哪怕时光流逝，也难以忘怀。

NOTE

1. 建议挑选 1.5 厘米左右厚度的猪大排，带骨头带肥膘的猪大排更香，肥膘处切一刀，让其与肉分离，可以防止油炸过程中受热蜷缩。

2. 不要怕麻烦，一定要用手给猪大排进行充分按摩，这样才能让所有的味道都充分融入。把调味好的猪大排放入冰箱冷藏，除了保鲜，还能让猪大排更好地入味。

3. 裹面粉的时候，要用手抖落猪大排表面多余的面粉，只沾上薄薄的一层。

4. 喜欢味道浓郁的，炸猪排可以蘸取酸甜带辛的辣酱油，中和炸猪排的油腻感。

黄金炸猪排

参考分量 2~3 人份　制作时间 40 分钟　难易程度 ★★☆☆☆

用料
Ingredients

猪大排 / 400 克

调料
Seasoning

鸡蛋 / 4 个

面粉 / 100 克

粗粒面包糠 / 300 克

料酒 / 10 毫升

盐 / 5 克

油 / 适量

白砂糖 / 5 克

生抽（酱油）/ 20 毫升

生姜汁 / 5 毫升

蚝油 / 10 毫升

淀粉 / 3 克

做法
Steps

1. 猪大排洗净并沥干，用刀在肥膘的地方划一刀，让肥膘和肉分离，用刀背把猪大排的两面都敲松。

2. 把所有调料（不包括鸡蛋、面粉和面包糠）倒入一个大碗里拌匀，再把猪大排放入碗里，用手抓捏猪大排，给它做一个完美的按摩。盖上保鲜膜，把猪大排密封放入冰箱冷藏 30 分钟左右。

3. 把鸡蛋打匀，猪大排取出后，均匀地裹上鸡蛋液，再裹上一层面粉，再裹一层蛋液，裹一层面粉，然后再次裹蛋液，再放进装面包糠的盘里，均匀地裹上面包糠，用辣酱油的瓶底去敲紧面包糠。

4. 锅要大，油要多，把油烧至表面微微冒烟，把猪大排放入锅里，转中小火油炸 3 分钟左右，炸至表面变成金黄色捞出，沥油切块装盘。

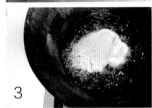

分着吃抢着吃才好吃

妈妈还在的时候，经常一个人站在厨房里忙碌，从早晨到夜晚，有时一站就是好几个小时，仿佛小小的厨房就是她的全世界。有时候，我起床起得早，就会去厨房偷偷张望，看看妈妈帮我准备了什么好吃的。

"啊，韭菜盒子！"

"你先去洗脸，等一会儿就可以吃啦！"

妈妈告诉我，韭菜盒子里的韭菜一定要鲜，熟过了就会有腐烂的味道。韭菜是拌馅的好东西，不需要太多的调味品，就能凸显它的鲜香味。可那时候，我哪管得了那么多呀，只知道妈妈做的韭菜盒子特别香，表皮金黄酥脆、内馅清香细嫩，皮薄馅多还不露馅，咬上一大口，整个口腔满满的韭菜香。

妈妈每次做韭菜盒子，都会做上几十个，我说："这可怎么吃得完啊？"妈妈说："小孩子家，懂什么呀！任何东西都是分着吃抢着吃才好吃，吃的就是个热闹。快把这些给你舅舅送去。"

如今再也吃不到妈妈做的韭菜盒子了，但是妈妈说过的话，却经常回响在我的耳边："韭菜盒子里除了盐和芝麻油，就不用再放其他的调味品了，最好的调味品就是爱。遇到美味，要懂得分享，把爱和快乐传递出去，才能得到更多的爱和快乐。"

NOTE

1. 烫面做的饼皮，柔软有韧性。

2. 提前淋芝麻油可以防止韭菜大量出水。如果喜欢，还可以用花椒油或者十三香粉来调味。

3. 放馅料的时候不要塞太满，否则不太容易捏合。捏花边是为了美观，不捏也是可以的。

韭菜盒子

参考分量　6~8 人份　制作时间　60 分钟　难易程度　★★★☆☆

用料
Ingredients

韭菜 / 500 克

鸡蛋 / 4 个

粉丝 / 1 把

调料
Seasoning

盐 / 12 克

芝麻油 / 20 毫升

油 / 适量

虾皮 / 1 把

面粉 / 400 克

80℃热水 / 210 毫升

做法
Steps

1. 提前用温水把粉丝泡软，把 80℃左右的热水慢慢倒入面粉里，一边倒一边用筷子搅拌成絮状。

2. 用手把絮状的面粉揉成光滑的面团，然后把揉面的盆子倒扣，静置 20 分钟；韭菜洗净沥干，切成碎。鸡蛋加少许盐打匀。粉丝切成段。

3. 热锅冷油，先煸炒虾皮至变黄色，盛出；锅里再倒油，油热后，再把鸡蛋液倒入，炒成鸡蛋碎；关火，接着把虾皮、粉丝放入拌匀；最后把韭菜放入，并淋上芝麻油，撒入盐，拌匀。

4. 取出面团，用手再揉一会儿，揉至光滑，搓成长条，切成大小均匀的剂子。取一个剂子擀成中间厚旁边薄的圆形饼皮，放入拌好的韭菜鸡蛋虾皮粉丝馅料。

5. 两边合上，捏紧捏实，并捏出花边。

6. 平底锅倒油，油热后，依次放入一个个韭菜盒子。盖上锅盖，小火焖煎 2 分钟左右，翻面再煎，差不多两个来回后，两边全部均匀上色了，再把韭菜盒子竖起来煎一下出锅。

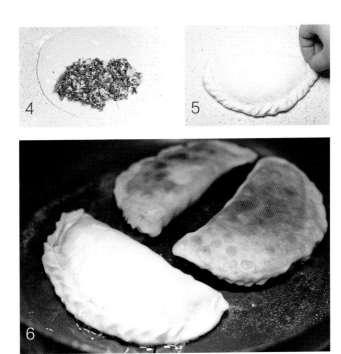

弄堂记忆里的人情味

弄堂，一直是上海这座城市的地标和回忆。

小时候，弄堂里可热闹了。经常有小贩进进出出，售卖各种小吃和杂货，还有收旧货和补器皿的，同时伴随着此起彼伏不标准的上海话叫卖声。住在弄堂里的我们，没有丝毫被叨扰的感觉，反而是享受到了生活的便利，走几步路就能买到吃的用的。

印象最深的就是茶叶蛋了。有一位驼背阿婆，总在我们放学的时候，推着手推车准时出现在弄堂里，像是一位每天都要见面的老朋友，亲切而慈祥。手推车上放着一个架着铝锅的老式煤球炉，里面咕嘟咕嘟翻滚着花纹各异的茶叶蛋。阿婆卖的茶叶蛋，有着好看的大理石纹路，从蛋壳就能看出茶叶蛋十分入味。她总喜欢挑蛋壳破破的茶叶蛋给我，我怪阿婆把长得不好看的茶叶蛋卖给我，阿婆说："小姑娘，这你就不懂了吧？茶叶蛋越破越好吃，不信你试试。"

扯开蛋壳，红茶的清香让我迫不及待地咬上一口，入口的除了茶香，还有酱油的咸香和鸡蛋的甜香。看我吃得那么满足，阿婆笑呵呵地对我说："吃慢点吃慢点，千万别噎着。"还会顺手递给我一块手帕，让我擦擦嘴角的酱油渍。

如今，远方来了朋友，我会特意带他们去上海的各种弄堂转悠，感受最平凡最常态的市井气息。想起阿婆做的茶叶蛋，它不是什么山珍海味，也说不上究竟好吃在哪里，大概是多了一味叫"人情味"的味道吧。

NOTE

1. 用勺子敲碎蛋壳，而不是敲破蛋壳哦，所以下手一定要轻，怕麻烦也可以用两个鸡蛋相互敲碎。

2. 如果想吃口感紧致一些的，可以延长第二次煮鸡蛋的时间。

3. 鸡蛋建议浸泡一整晚，可以让茶叶蛋更加入味。

4. 如果家里有卤荤菜的老卤，可以倒入汤汁一起煮鸡蛋，这样煮出来的鸡蛋会有肉香味哦。

茶叶蛋

参考分量 6~8 人份　制作时间 10 分钟　难易程度 ★ ★ ★ ☆ ☆

用料
Ingredients

鸡蛋 / 12 个

调料
Seasoning

红茶包 / 2 包

八角 / 1 颗

桂皮 / 1 段

香叶 / 1 片

草果 / 1 颗

白芷 / 2 片

肉蔻 / 2 颗

花椒 / 10 粒

生姜 / 2 片

黄冰糖 / 80 克

盐 / 20 克

老抽（酱油） / 60 毫升

生抽（酱油） / 20 毫升

做法
Steps

1. 常温状态下的鸡蛋，清洗干净，锅里放清水，冷水入锅，水要没过鸡蛋，中小火煮 5 分钟左右关火。

2. 煮好的鸡蛋用冷水冲凉，等鸡蛋不烫手了，用勺子轻轻敲碎蛋壳。

3. 重新烧一锅水，锅里放入除红茶包以外的所有调料，大火煮沸 3 分钟，再放入红茶包。再煮 2 分钟左右，把鸡蛋放入，一定要让汤汁没过鸡蛋，中小火再煮 5 分钟左右，关火浸泡鸡蛋。

你爱吃的，就都是我爱的

念大学那几年，我平时住在学校，周末回外公外婆家。

每个月5号，是外婆手头最宽裕的日子，因为那天是退休工人发退休工资的日子。那天外婆一定会起个大早，叫上外公一起去上海银行排队领取工资。家里人总是笑话外婆："干吗要去排队等，钱已经在工资卡上了，不会逃掉的。"可是外婆还是坚持己见："拿到手里的钱才算是钱，我们年纪大醒得早，闲着也是闲着，不如早点取早点用。"

每个月发了工资，外婆就会带我和表弟出去大吃一顿。当年可不像现在，有那么多的网红店，最有名就是"两只鸡"，一个是肯德基，一个是振鼎鸡。外婆偶尔会带我们去吃肯德基，但吃得最多的还是相对健康的振鼎鸡，也就是上海人爱吃的白斩鸡。

离外婆家最近的一家振鼎鸡开在福州路上。点单时，外婆总会问我们吃什么，我和表弟报完各自想吃的，外婆总说："好好好，都要都要，你们点的都是我爱吃的。"等了不一会儿，一盆皮黄肉嫩的白斩鸡上桌了，还有鸡心、鸡肫、鸡爪、鸡粥，我和表弟的筷子都是长眼睛的，争先恐后地把自己爱吃的部位夹到碗里吃。很快，我俩的骨碟里就堆满了骨头，而外婆的骨碟干净得就像没有用过似的。

每次吃鸡都是这样的场面，我也没在意过。后来才想到一个问题：外婆是不是不爱吃白斩鸡？我还特意问了妈妈，妈妈叹了口气，回答说："外婆哪是不爱吃白斩鸡呀，外婆只是更爱吃剩菜罢了。"

NOTE

1. 做白斩鸡一定要选用品质好的镦鸡（阉鸡，肉质会更加鲜嫩）或三黄鸡，鸡的净重在1000克左右最佳，当然镦鸡的个头会比三黄鸡大很多。

2. 可以根据鸡的大小来调整焖煮时间，最厚的大腿部位能够用筷子戳透并且没有血水就可以了。

3. 过冰水这一步很重要，可以使白斩鸡皮滑肉嫩。

4. 鸡内脏和鸡爪难熟，可单独煮15分钟左右。

5. 白斩鸡切块，建议用砍刀，下刀要快准狠，才能把鸡斩得整齐。

6. 蘸料可以根据自己的口味和喜好来调配。

白斩鸡

参考分量 5~6 人份   制作时间 30 分钟   难易程度 ★★★☆☆

用料
Ingredients

三黄鸡 / 1 只

调料
Seasoning

小葱 / 6 根

生姜 / 4 片

料酒 / 20 毫升

蒸鱼豉油 / 40 毫升

白砂糖 / 10 克

葱油 / 10 毫升

香菜 / 2 根

做法
Steps

1. 提前冷藏一盆冰水（建议用纯净水），把整只鸡洗净备用，锅里烧水，放入葱结和姜片。

2. 水烧开后倒入料酒，拎着鸡头鸡脖，把整只鸡放入锅里，一上一下来回三次，然后把鸡扔进锅里，继续大火，开盖煮 2 分钟左右，关火。

3. 盖上盖子，把鸡焖在锅里 15 分钟左右，时间到后，把鸡捞出放进准备好的冰水里。

4. 等鸡完全冷却后，切块摆盘，在鸡身上涂抹葱油增色，放几根香菜点缀。

5. 调配蘸料: 过滤后的鸡汤、蒸鱼豉油、白砂糖、姜末（1 片）、葱花（1 根），还可以淋上几滴葱油。

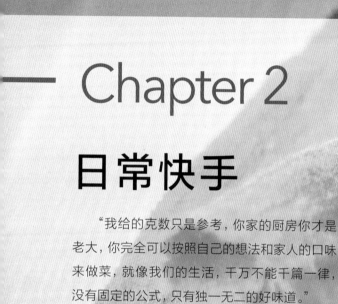

Chapter 2

日常快手

"我给的克数只是参考，你家的厨房你才是老大，你完全可以按照自己的想法和家人的口味来做菜，就像我们的生活，千万不能千篇一律，没有固定的公式，只有独一无二的好味道。"

酸酸甜甜，恰似爱情

特朗普就任美国总统后首次访华，众多吃货对美国总统在地大物博的中国吃什么十分好奇。恰好小米创始人雷军在微博上晒出了国宴的菜单，满足了一众吃货的好奇心。

通常来说，国宴的菜单设置会考虑来宾的口味、年龄和健康状况，能够上国宴菜单的菜品一定是高大上中的佼佼者。没想到大家眼中最普通的川菜宫保鸡丁，不但能够荣登国宴，更是深受外国人的欢迎。

相传，宫保鸡丁是清朝光绪年间的四川总督丁宝桢所创，是他张罗家宴时命令家厨制作的菜肴。丁宝桢后来被封为东宫少保（太子少保），所以被称为"丁宫保"，而这道菜也被称作"宫保鸡丁"，后来被世人广泛流传。

宫保鸡丁，主料一般会选用鸡胸脯肉，讲究一些的可以选用带皮的鸡腿肉，再配以辣椒、花椒、大葱和花生米等配料炒制而成，其中最关键的是调味的那碗酱汁，糖、醋、生抽、老抽、盐、淀粉、水的比例为 1：2：1：0.5：0.5：1：1。

有了这碗神奇的酱汁，做出来的宫保鸡丁酸甜适中、软嫩可口，除了一阵辣香，更是入口甜、回口酸。自己在家也能做大厨，绝对不输外面的川菜师傅哦。配米饭的时候，一碗接着一碗，根本停不下来。

NOTE

1. 爽滑脆嫩的鸡腿肉比寡淡干柴的鸡胸脯肉更适合这道菜。

2. 炒制这道菜的时候，一定要全程大火、一气呵成，所以提前调好酱汁是很有必要的。

宫保鸡丁

参考分量 2~3 人份　制作时间 40 分钟　难易程度 ★★★☆☆

用料
Ingredients

带皮鸡腿 / 1 只

调料
Seasoning

花生米 / 20 克

大葱 / 100 克

干辣椒 / 8 个

生姜 / 3 片

大蒜 / 3 瓣

花椒粒 / 20 粒

料酒 / 10 毫升

生抽（酱油） / 20 毫升

老抽（酱油） / 5 毫升

白砂糖 / 10 克

陈醋 / 20 毫升

盐 / 5 克

淀粉 / 13 克

水 / 10 毫升

油 / 适量

做法
Steps

1. 大葱和干辣椒切段，生姜片切丝，大蒜切片。鸡腿洗净，利用刀和剪刀去骨，切成小丁。

2. 用生抽（10 毫升）、料酒、淀粉（3 克）把鸡腿肉码味腌制 30 分钟左右。

3. 热锅冷油，用小火把花生米炸至金黄色盛出。

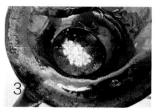

4. 按照比例调制酱汁，白砂糖、醋、生抽（10毫升）、老抽、盐、淀粉（10克）、水的比例为1:2:1:0.5:0.5:1:1，不用全部倒入，可以按照鸡肉的量决定倒入多少。

5. 锅里倒油，把干辣椒段和花椒粒放入锅里爆香，再放入腌制好的鸡腿肉炒至断生，放入大葱段、生姜片、大蒜片炒香。

6. 倒入酱汁炒至水分基本收干，最后放入花生米装盘。

浓油赤酱的精彩纷呈

一提到猪肝，有人对它爱不释口，恨不得天天吃猪肝；有人对它敬而远之，看到它就想到高脂肪高胆固醇。虽然说猪肝是不值钱的猪下水，但也是一个营养宝库。只要吃得合理吃得适量，对身体还是很有好处的，有补肝明目养血的功效。

猪肝有粉肝、面肝、麻肝、石肝、病死猪肝、灌水猪肝之分。粉肝、面肝为上乘，质地柔滑有光泽，用手触摸 QQ 的像果冻，没有黏液。粉肝色如鸡肝，面肝色为赭红。中间两种次之，后两种是劣质品。粉肝适合白切的做法，面肝适合爆炒的做法。

曾经在上海的明记海岸餐厅吃过一道南煎猪肝，这道闽菜让我印象深刻。他家的猪肝不但块头大，厚度也不薄。"南"字在福建话里谐音"两"，做这道菜需要两次烹饪，第一次热锅冷油煎猪肝，第二次才是正常的调味炒猪肝。这样做出来的猪肝，滑嫩中还略带一些粉脆，不但没有一点的腥味，而且香嫩多汁，一口上瘾，搭配的藕片和蒜薹也是非常入味，以至于有一阵子，每个月"家里亲戚"走后我都会去那里吃一盘补血。

自己在家里做猪肝，若是处理得不好，咬起来就像啃泥巴，让人顿时没了再咬一口的兴趣；若是处理得好，咬起来丰腴嫩滑，让人一膏馋吻，终生难忘。天下无难事，只怕有心人。没有烧不好的菜，只有不愿意用心烧菜的人。若是花些小心思，猪肝也能变成美妙之物。

NOTE

1. 把猪肝放入加了白醋的冷水中浸泡，不但可以去除猪肝的腥味，还能排出猪肝的血水和毒素。

2. 爆炒猪肝，一定要动作快，以免猪肝被炒老。

3. 食用猪肝的同时最好搭配一些绿色蔬菜。

酱爆猪肝

参考分量 2~3 人份　制作时间 30 分钟　难易程度 ★★★☆☆

用料
Ingredients

猪肝 / 250 克

调料
Seasoning

白醋 / 20 毫升

洋葱 / 35 克

红椒 / 35 克

青椒 / 35 克

盐 / 2 克

生抽（酱油）/ 20 毫升

老抽（酱油）/ 10 毫升

白砂糖 / 13 克

料酒 / 10 毫升

淀粉 / 3 克

生姜汁 / 5 毫升

蚝油 / 5 毫升

油 / 适量

做法
Steps

1. 猪肝清水洗净，放入加了白醋的冷水中浸泡 30 分钟后，再用水彻底冲洗干净。刀片呈 50°角左右，把猪肝切成 0.5 厘米左右的薄片，切好以后再放入清水里反复淘洗，直到血水越来越淡。

2. 把盐、白砂糖（3 克）、生抽（10 毫克）、料酒、生姜汁、蚝油、淀粉拌匀，用来腌制猪肝，腌匀后滴上 2 滴油，覆上保鲜膜放冰箱冷藏 30 分钟以上。

3. 把洋葱、红椒、青椒切成块状。锅里热油，烧至表面微微冒烟，把洋葱、红椒、青椒放入锅里煸炒至断生。

4. 锅里倒油，油稍许多些，待油烧至表面微微冒烟，把猪肝从浆汁中捞出沥干，放入锅里爆炒，倒入生抽（10 毫升）、老抽，撒入白砂糖（10 克），翻炒均匀后，再把洋葱、红椒、青椒放入拌匀即可出锅。

回锅一碗生活之味

对于肥肉，我打小充满了恐惧，因为在我的脑海里，肥肉就等于肥胖。所以，谁要是让我吃肥肉，我就和谁急，真的是提肥色变的那种程度，任凭别人使尽各种威逼利诱的办法，我都不能接受一丁点的肥肉。

直到有一次，在北京一家叫"天下盐"的餐厅里，大概是饿了的关系，我竟然稀里糊涂地就着青蒜和米饭吃了一片回锅肉，瞬间颠覆了我苦心经营的幼稚饮食观。

半肥半瘦的片状五花肉，亮晶晶油汪汪，经过回锅后的煸炒，全部蜷缩成灯盏窝状，仿佛可以盛得住一窝油。仔细看，肥肉晶莹剔透，瘦肉毫无违和感地镶嵌其中，泛着金黄色的烧炙痕迹，夹一块放到灯光底下，简直就是美翻了。段状的红皮青蒜，表皮微皱微焦，自带天然蒜香，吸收了五花肉的油脂，由内而外地溢出油润通透的光泽。吃一口，就是香。再吃一口，半碗米饭没了。米饭就着回锅肉一起涌向深不可测的胃，用四川话来形容，那绝对是很巴适的一餐。

一块煮熟的五花肉切片后再下锅炒制，竟然有化腐朽为神奇的魔力。我想，最厉害的大概不是上等的食材和精湛的手艺，而是那一盘回锅肉让我吃出了生活的味道。

有时候，我们的生活会静寂得犹如一潭死水，但只要我们学会了回锅，赋予它新的色彩和活力，那么生活又会变得生动活泼起来。就像这回锅肉，从死气沉沉到香气四溢，就差这一次回锅。

NOTE

1. 五花肉热水入锅，可以锁住水分，吃起来口感更加润泽。放进冰箱冷冻，有利于切片成形。

2. 锅里的油可以少倒一些，毕竟五花肉小火煸炒后会溢出很多油脂。煸炒五花肉一定要小火慢慢煸炒，耐心耐心再耐心！

3. 郫县豆瓣酱一定要剁碎后再用，容易出味。

4. 青蒜的蒜白部分一定要用刀拍扁以及斜着切，否则不太容易炒熟和入味。

回锅肉

参考分量 6~8 人份　制作时间 60 分钟　难易程度 ★★★☆☆

用料
Ingredients

五花肉 / 200 克

青蒜 / 400 克

调料
Seasoning

花椒粒 / 10 克

油 / 适量

郫县豆瓣酱 / 20 克

生抽（酱油） / 10 毫升

生姜 / 3 片

做法
Steps

1. 锅里烧水，放入生姜，水开后放入五花肉，煮至七八成熟，用筷子戳一下没有血水即可。

2. 捞出，用清水冲洗后，放入冰箱冷冻 5 分钟左右，拿出切片，每片大约 3 毫米的厚度。

3. 青蒜的蒜白部分需要用刀拍扁，然后用刀把蒜白蒜叶斜着切成段，再把郫县豆瓣酱剁碎剁细。

4. 热锅冷油，锅里倒一点点的油，用手感受一下油温，油热后把五花肉放入锅里，开小火慢慢煸至五花肉表面蜷缩金黄，而且有大量油脂溢出即可。

5. 放入剁碎的郫县豆瓣酱，煸炒至出红油，再把花椒粒放入锅里爆香。

6. 放入蒜白煸炒片刻，锅里倒入生抽提味，最后放入蒜叶煸炒至断生即可。

又香又闲的午餐时光

盐焗鸡的美味，还得归功于客家人这个特殊的族群和他们特殊的历史。相传，因为战乱和饥荒，客家人的祖先从中原腹地出发，开始大规模的南迁，在漫长而艰辛的旅途中，他们宰杀家里的活禽，放入盐包中，以便储存和携带。这样做，不但可以解决原料的匮乏，还能滋补身体。这种高度依赖于盐的饮食习惯，也成为客家人的味觉习惯，一代一代流传下来。

"焗"是广东方言，有烤的意思，这种方法可以牢牢锁住食材的香味。利用大颗粒海盐的疏松结构，能充分吸收鸡肉散发出来的水分。传统的客家做法，是先将生姜和小葱塞入鸡的身体里，用砂纸把鸡包裹严实，再在锅里把海盐炒热，炒到盐的水蒸气挥发，把炒热的海盐倒入瓦煲里，把包好砂纸的鸡埋在炒热的海盐里，开火，在温度与盐的共同作用下，把鸡慢慢焗熟。这样做法焗出来的鸡，色泽微黄，皮脆肉嫩，原汁原味，骨肉鲜香。

后来，盐焗鸡开始家喻户晓，成为每位客家妇女都能烹饪的拿手菜肴。为了方便烹饪，人们不断改良创新，有盐焗法、水焗法、汽焗法……而普通百姓家里，由于家里条件有限，便发明出了一种懒人烹饪法，即用每家每户都有的电饭煲来烹饪盐焗鸡，简单方便易操作，想要失败都很难呢。

NOTE

1. 时间允许的话，可以提前把鸡腌制过夜，这样会更加入味。

2. 电饭煲里不用涂抹很多的油，因为在后面煮的过程中，鸡自身会溢出很多油脂。

3. 由于每个电饭煲的功率不同，一次如果煮不熟可以再煮一次，

4. 煮的过程完全不用担心火候和时间，更不用担心鸡皮会焦，完全可以不闻不问。

盐焗鸡

参考分量 2~3 人份　制作时间 40 分钟　难易程度 ★★☆☆☆

用料
Ingredients

嫩鸡 / 1 只

调料
Seasoning

生姜 / 5 片

小葱 / 10 段

芝麻油 / 20 毫升

盐焗鸡粉 / 1 包

盐 / 5 克

油 / 适量

做法
Steps

1. 把鸡洗干净，可以用淘米水浸泡 30 分钟左右，去除血水，再用清水冲洗干净，沥干水分。在鸡的里里外外都均匀涂抹上盐焗鸡粉，腌制 5 小时以上。

2. 在电饭煲锅底抹上薄薄的一层油，均匀地铺上生姜和小葱。

3. 把腌制好的鸡放入电饭煲里，也就是生姜和小葱上面，按下煮饭键就可以了。叮……电饭煲提示煮饭完毕，可以开盖用筷子戳一下最厚的鸡腿部分，如果没有血水渗出，就可以了。如果有血水渗出，可以再来一次煮饭过程。

4. 调制蘸料，把芝麻油、油、盐焗鸡粉、盐拌匀。最后把盐焗鸡去骨撕成小块摆盘即可。

在茶餐厅吃出不拘一格的家常味

我家门口有一条马路，不是很长，但是很有味道。因为马路两旁美食云集，小到只有十几平方米的奶茶铺，大到两开间门面的东北菜，每当我走在这条马路上，心里总有说不出的惬意，感觉空气中弥漫着一种令人馋涎欲滴的香味。

在这附近住久了，几乎所有的餐厅，我和老龚都去吃过，但能够让我们一直光顾的只有一家港式茶餐厅。这家餐厅的滑蛋虾仁做得相当地道，嫩滑的鸡蛋加上脆嫩的虾仁，色彩艳丽、营养丰富，看着就觉得很有食欲。

每次我俩光顾都是一人一份滑蛋虾仁一碗饭，嫌筷子一次只能夹一个太费事，直接就端起盘子往碗里倒，就着脆嫩的虾仁和顺滑的鸡蛋一起拌饭，实在是鲜美至极。一碗堆尖的白米饭，唰唰几下就见底了。我们妥妥地把茶餐厅的炒菜吃成盖浇饭，引来服务员行注目礼。

后来吃得多了，我也会自己研究摸索。原来美味的滑蛋虾仁不是煎出来的，而是滑出来的。鸡蛋液入锅后炒制，火候和时间要掌握好，如果炒得太老就变成了炒鸡蛋，如果炒得太嫩鸡蛋又成不了形，出锅盛盘一定要是那种嫩嫩滑滑的状态才对。

这道看起来很经典的港式炒菜，只要食材足够新鲜，怎么做都不会难吃。但是要做到虾脆蛋滑，还是需要用实践来换经验的。

NOTE

1. 虾仁可以用现剥的虾仁，也可以用冰冻的虾仁。一定要用厨房纸巾擦干水，再腌制。

2. 加入淀粉水，可以使得蛋液更加嫩滑。

3. 蛋液稍稍凝结出锅，可以利用锅里的余温继续加热蛋液，否则等蛋液完全凝结再关火，鸡蛋就老了。

滑蛋虾仁

参考分量 2~3 人份　制作时间 10 分钟　难易程度 ★★☆☆☆

用料
Ingredients

虾仁 / 50 克

鸡蛋 / 3 个

调料
Seasoning

盐 / 2 克

白胡椒粉 / 3 克

小葱 / 1 根

淀粉水 / 10 毫升

油 / 10 毫升

做法
Steps

1. 虾仁洗净沥干，用厨房纸巾擦干水，撒盐、白胡椒粉，腌制 15 分钟。

2. 在碗中磕入鸡蛋，撒上盐、葱花，在蛋液里倒入淀粉水，顺着一个方向打匀。

3. 把虾仁在沸水中焯烫至半熟捞出，马上扔进蛋液中。

4. 锅里倒油，大火，把油烧至表面微微冒烟，倒入放了虾仁的蛋液，快速翻炒，等蛋液稍稍凝结就马上关火，然后轻轻推动蛋液，用锅的余温把蛋炒成啫喱状出锅。

辣么妙不可言

豆腐，是日常生活中最常见的豆制品。有南、北豆腐之分，南豆腐用石膏点制，凝固的豆腐花含水量较高而质地细嫩，水分含量在 90% 左右；北豆腐多用卤水或酸浆点制，凝固的豆腐花含水量较少，质地较南豆腐老，水分含量在 85% 左右，但是由于含水量更少故而豆腐味更浓，质地更韧，也较容易烹饪。

豆腐最简单的做法就是凉拌，买回来就能按照自己的喜好凉拌，还可以用来烧，分为油煎和非油煎两种。

在非油煎的豆腐里，麻婆豆腐可以算是翘楚了。相传，麻婆豆腐始创于清朝同治元年，有一家专门卖烧豆腐的店面，老板娘满脸雀斑，所以大家称呼她为"陈麻婆"。陈麻婆有一套独特的豆腐烹饪技巧，做出来的豆腐色香味俱全，深受众人的喜爱，渐渐地广为流传，她做的豆腐也被称为"陈麻婆豆腐"。

最会吃豆腐的汪曾祺老先生曾说："做麻婆豆腐的要领是：一要油多，二要用牛肉末。我曾做过多次麻婆豆腐，都不是那个味儿。后来才知道我用的是瘦猪肉末。牛肉末不能用猪肉末代替。三是要用郫县豆瓣。豆瓣须剁碎。四是要用文火，待汤汁渐渐收入豆腐才起锅。五是起锅时要撒一层川花椒，即名为'大红袍'者。用山西、河北花椒，味道即差。六是盛出就吃。如果正在喝酒说话，应该把说话的嘴腾出来。麻婆豆腐必须是：麻、辣、烫。"

别看麻婆豆腐食材成本低廉，但它依靠口感独特、麻辣鲜香、爽滑下饭，竟还远渡重洋，在世界各地落户，从一味家常小菜登上大雅之堂，成了一道无人不知的世界名菜。

这些年，我身边有一位神奇的人物，也是我的成长路上的贵人，别人都喜欢叫他秋叶大叔，而我总喜欢亲切地叫他秋叶哥哥。他曾经写过一篇文章《如何才能把一件事情做到极致？》，里面提到他问过我的一个问题，如何挑选豆腐？我说，一看颜色，优质豆腐呈均匀的乳白色或淡黄色，而且有光泽；二摸表面，优质豆腐块形完整，质地细嫩，结构均匀，富有一定的弹性；三闻气味，优质豆腐具有豆腐特有的香味；四嚼味道，优质豆腐口感细腻鲜嫩、纯正清香；五豆腐属于高蛋白质食品，要到有良好冷藏设备的场所选购；六传统豆腐很容易腐坏，最好当天购买当天食用。

你们别以为秋叶哥哥真的是要去买豆腐，他想说的是把生活中的每一件小事都做到极致，其实都大有学问。他说我的私房菜能够越做越好，这个世界其实还是蛮公平的。当时文章刚一发布，秋叶哥哥赶紧私信我去留言，我留的言是："做好眼前的每一件小事，是对生活也是对自己的一种忠诚。可别小看了吃这件事，要把它做到极致还真不容易呢。"别以为秋叶哥哥真的是要我去留言，他的回复就是行走的小广告，让大家都去关注我的公众号。

从小问题到长文章再到真广告，秋叶哥哥身体力行诠释了：如何才能把一件事情做到极致！

NOTE

1. 牛肉末要肥瘦相宜，提前腌制更入味。

2. 豆腐要挑选嫩一些的豆腐，在沸腾的淡盐水中焯烫，可以去除豆腥味，让豆腐不容易破碎。

3. 郫县豆瓣酱剁碎以后更容易出味，炒制郫县豆瓣酱要用小火，炒出香味和红油。

4. 淀粉水要分两次勾芡，防止豆腐吐水。

麻婆豆腐

参考分量 2~3 人份 制作时间 20 分钟 难易程度 ★★☆☆☆

用料
Ingredients

嫩豆腐 1 盒

牛肉末 / 35 克

调料
Seasoning

料酒 / 5 毫升

盐 / 4 克

白砂糖 / 3 克

郫县豆瓣酱 / 35 克

花椒粒 / 10 颗

辣椒粉 / 3 克

花椒粉 / 3 克

胡椒粉 / 3 克

水淀粉 / 5 克

青蒜 / 1 根

油 / 适量

做法
Steps

1. 把郫县豆瓣酱剁碎，用料酒、盐和白砂糖腌制牛肉末。

2. 豆腐划刀，放入加了盐的沸水中焯烫一下，马上捞出用清水浸泡。

3. 锅里倒油，把油烧至表面微微冒烟，倒入牛肉末炒熟盛出。

4. 锅里留有余油，放入郫县豆瓣酱炒出红油，倒入小半
   碗水，再放入花椒粒、辣椒粉、胡椒粉、盐（1 克），
   大火煮开，加入牛肉末。

5. 把豆腐放入，中火煮开，分两次倒入淀粉水，推拌均
   匀，出锅，撒上花椒粉和葱花即可。

最好的食物，慰藉不开心的胃

还在念大学的时候，我经常和同学们去学校附近的小馆子吃饭，进门入座，老板不会主动给我们菜单，而是笑着问："老样子？"我们会心地点点头。一份鱼香肉丝 8 元钱，可以下饭，可以果腹，不但温暖，而且畅快。尤其是天寒易饿的时节，来一盘热乎乎的鱼香肉丝，就能下饭两三碗。

后来看到红遍全国的美食纪录片《舌尖上的中国》的总导演陈晓卿在一次采访里说起，1982 年到北京上大学，家里每个月只给 15 块钱生活费，就这样他都会努力挤出两块钱，和同学搭伙找个地方打牙祭。常去的一处是四川饭店，那时候的鱼香肉丝一份 7 毛钱，很是解馋。最好吃的食物，就是能够让你心灵得到慰藉的食物。

还听说过一个笑话，有人在一家饭店吃饭，点了一道鱼香肉丝，好不容易等到上菜了，却发现菜里根本没有鱼，和店家吵得面红耳赤。问题是，为什么鱼香肉丝里面没有鱼呢？鱼香其实是一种味道，并不来自鱼，而是葱、姜、蒜、糖、醋、酱油和泡椒 7 种调料调制而成，咸甜酸辣必备，葱香蒜香浓郁。鱼香肉丝讲究见油不见汤，调味必须拿捏得当，炒制的时候还要火候要大、锅气要足，这样才能炒出一盘既鲜活又生动的鱼香肉丝。

NOTE

1. 把郫县豆瓣酱剁碎更加容易出味。

2. 冬笋焯水可以去除涩味。

3. 提前调好酱汁，可以提高做菜的效率，让锅里的食材不容易变老。

鱼香肉丝

参考分量 2~3 人份　制作时间 20 分钟　难易程度 ★★☆☆☆

用料 Ingredients

里脊肉丝 / 100 克

黑木耳丝 / 80 克

胡萝卜丝 / 80 克

冬笋丝 / 100 克

调料 Seasoning

姜末 / 10 克

蒜末 / 10 克

淀粉 / 5 克

白砂糖 / 20 克

盐 / 5 克

醋 / 20 毫升

泡椒 / 10 克

郫县豆瓣酱 / 30 克

生抽（酱油）/ 20 毫升

料酒 / 10 毫升

白胡椒粉 / 2 克

水淀粉 / 5 毫升

葱花 / 2 克

油 / 适量

做法 Steps

1. 用盐、白砂糖（5 克）、料酒、生抽（10 毫升）、白胡椒粉和淀粉抓匀腌制里脊肉丝，把郫县豆瓣酱剁碎。

2. 调制酱汁：醋、白砂糖（15 克）、生抽（10 毫升）和水淀粉的比例为 4:3:2:1。

3. 热锅倒油，用手感受一下油温，油热后倒入肉丝煸炒至变色盛出。

4. 锅里余油烧热，先把郫县豆瓣酱煸炒至出油，再把姜末、蒜末放入锅里煸炒出香味，接着把黑木耳丝、胡萝卜丝、冬笋丝一起倒入煸炒，然后把里脊肉丝、泡椒倒入翻炒均匀。

5. 最后把调制好的酱汁倒入锅里翻炒均匀出锅，撒上葱花点缀。

好事即使多磨也还是好事

　　曾经有一段时间，鸳鸯鱼头在上海特别流行，差点成了网红菜品。每次我和爸妈或者同事朋友去餐厅，都会点上一道鸳鸯鱼头，一道菜大概 100 元不到的价格，但是餐具特别大鱼头也很大，红色绿色的剁椒酱十分诱人，一看就能撩到我的味蕾。啃完鱼头，还能用剩下的汤汁和剁辣椒酱拌面条来吃，当然面条也是可以选择的，一种是普通的面条，一种是用鱼肉做的面条。所以，通常 2~3 人一起用餐的话，点一份鸳鸯鱼头再来一份蔬菜，以及每人一碗米饭，就能轻松解决一餐了。

　　但是，外面的饭菜再好吃，终究感觉缺少了点什么。于是，我就开始研究起鸳鸯鱼头的做法。食材不难买，一般菜场里都有卖新鲜活杀的花鲢鱼头。调料也不难找，在万能的淘宝上尝试了好几种剁椒酱，终于找到了一款湖南的双色剁椒酱特别适合。原本以为这样就够了，没想到最小的花鲢鱼头一般也要 2 斤左右，家里正常的餐盘根本装不下，只能去采购能够平铺一整只鱼头的餐盘。鱼头有了调料有了餐盘也有了，就等上锅蒸了。捂脸，家里所有的锅具都放不下这个大号餐盘，只能再去采购大号锅具，真的是好事多磨，一波三折才能吃到鸳鸯鱼头。

　　家里没有人来人往的氛围，也没有火燎烟熏的味道，但是这份过程中的快乐也只有下厨的人才能体会了。一份热气腾腾、色彩艳丽的鸳鸯鱼头上桌，再打开电视机，倒上一杯饮料，和自己心爱的人一起享受自己的劳动成果，也是一件相当惬意的事情了。

NOTE

1. 鱼头建议买新鲜活杀的花鲢鱼鱼头，鱼鳃、鱼齿、黑色薄膜、红色残留物一定要去除，否则会影响鱼头的口感；清洗后在鱼身上划几刀，不但可以缩短把鱼蒸熟的时间，还能让鱼头更加入味。

2. 提前把青剁椒酱和红剁椒酱炒制一下，可以让它们更香。

3. 在鱼头下面垫上筷子，不但可以防止鱼头粘底，还能架空鱼身，缩短把鱼蒸熟的时间。

4. 剁椒酱我推荐湖南产的"贺福记"，自然发酵，酱香浓郁，使用简单。

鸳鸯鱼头

| 参考分量 | 3~4 人份 | 制作时间 | 40 分钟 | 难易程度 | ★ ★ ★ ☆ ☆ |

用料
Ingredients

鱼头 / 1000 克

面适量

调料
Seasoning

洋葱 / 6 片

小葱 / 6 段

生姜 / 4 片

红剁椒酱 / 20 克

青剁椒酱 / 20 克

盐 / 10 克

白砂糖 / 5 克

料酒 / 30 毫升

蒸鱼豉油 / 45 毫升

油 / 适量

做法
Steps

1. 鱼头可以让摊主帮忙劈开，拿回家清洗干净，尤其要注意要去除鱼鳃、鱼齿、黑色薄膜、红色残留物；在鱼身部分平行切开几刀。

2. 把葱姜拍扁，加入盐、白砂糖和料酒，用手使劲抓，让葱姜的味道能够散发出来，浸泡 10 分钟左右，再把汁水倒在鱼头上，腌制 10 分钟左右后，去除葱姜。

3. 腌制鱼头的时候，可以调制酱汁，油（30毫升）和蒸鱼豉油（45毫升）调匀。

4. 锅里倒油，热锅冷油，把红剁椒酱和青剁椒酱分别炒制一下。

5. 在腌好的鱼头下面垫上3根平行的筷子，扔掉葱姜，再在鱼头上面铺上炒制过的剁椒酱，半个鱼头一种颜色的剁椒酱，在鱼头的两侧插入洋葱片，倒入调好的油和蒸鱼豉油。

6. 锅里加水，水开后，把鱼头放入锅里，大火蒸15分钟左右，具体要看鱼头的大小。

7. 时间到出锅，扔掉洋葱片，拿开一排筷子，摆盘即可，煮上一碗面条，搭配着吃即可。

3

4

5

6

7

— Chapter 3

诚意家宴

对于每一个从不下厨的人来说，踏进厨房的
第一步都是需要一个契机的，这个契机或是温情
或是伤感，但它都能给予人力量，然后化成美妙
的食物，带给人更多的温暖。相信关于妈妈的记
忆将一直伴随我，也会一直给我带来好运。

味蕾记得我爱你

　　和大多数的女孩子一样，毕业后我就开始了自己的职业生涯，成为一名金融小资女。爸爸上班赚钱，妈妈操持家务，让我在生活上没有什么压力，二十几年我也习惯了饭来张口衣来伸手。

　　毕业 6 年后，我领证结婚了，但快乐只停留了 4 天，家里就发生了巨大的变故——妈妈在睡梦中走了，再也回不来了。这五雷轰顶般的打击让我不知所措，我突然意识到不能再像从前一样，做温室里的花朵，要开始扛起家庭的重担，更要担当起照顾爸爸的责任，做生活的强者。在老公的支持下，我辞职了，决心在家做个小煮妇，照顾好爸爸和老公。

　　最开始，我并不会挑菜，买菜还经常上当受骗，烧菜更是要一直捧着个 ipad，app 就是我的启蒙老师。记忆里，妈妈很爱烧浓油赤酱的酱鸽给我们吃，但我们谁也不知道妈妈究竟是怎么烧的。我只有凭借记忆和味觉研究酱鸽的做法，令人惊喜的是，我做的酱鸽得到了所有人的肯定和夸赞，还凭借这一道招牌菜上了电视节目，我笑称它为"招牌好运鸽"。慢慢地，我的这道酱鸽在朋友之间广为流传，我开始做起了私房菜生意，造福吃货，以食会友，把温暖通过美食传递给更多的人，这是非常有意义的事情。

　　对于每一个从不下厨的人来说，踏进厨房的第一步都是需要一个契机的，这个契机或是温情或是伤感，但它都能给予人力量，然后化成美妙的食物，带给人更多的温暖。相信关于妈妈的记忆将一直伴随我，也会一直给我带来好运。

NOTE

1. 建议购买中等鸽龄（8 个月左右）的草鸽，太嫩或太老的鸽子都不适合做酱鸽。

2. 第一次焖煮的时间短，因为是带皮的一面朝下；第二次焖煮加上收汁的时间相对会长一些，因为鸽肉朝下，多煮一会儿才能入味。

3. 别看整个过程的步骤少，但是最后收汁的过程还挺辛苦，因为需要不断淋汁，这样才能让酱鸽上色均匀。

酱鸽

参考分量	3~4 人份	制作时间	80 分钟	难易程度	★ ★ ★ ☆ ☆

用料
Ingredients

鸽子 / 2 只

调料
Seasoning

生姜 / 5 片　　肉蔻 / 3 个

小葱 / 3 根　　料酒 / 15 毫升

八角 / 2 个　　生抽（酱油） / 25 毫升

桂皮 / 1 段　　老抽（酱油） / 20 毫升

香叶 / 1 片　　黄冰糖 / 35 克

白芷 / 2 个

做法
Steps

1. 鸽子洗净焯水，焯水后洗去血水和浮沫，将焯鸽子的水过滤备用。

2. 锅里烧水，把生姜、小葱、八角、桂皮、香叶、白芷、肉蔻一起放入锅里，水开后放入鸽子，把带皮的一面朝下，再倒入料酒、生抽和老抽，盖上锅盖焖煮。20分钟以后，把鸽子翻面，再加入黄冰糖，继续焖煮30分钟左右。

3. 开大火收汁，一边注意移动鸽子，不要让它粘底，一边用勺子把汤汁淋在鸽子身上，最后留有少许汤汁即可。

4. 如果热吃，可以用剪刀剪块摆盘；如果冷吃，可以等鸽子冷透用刀切块摆盘。

吃饱这顿再减肥

在我的私房菜家宴里，除了招牌菜酱鸽，还有一道必有的菜品：红烧肉。说到红烧肉，很多人的第一反应都是，这应该是最没有期待的一道菜了，因为每家每户都会做。但事实证明，越是没有期待的人最后往往惊喜越大。很多人，吃过一次我做的红烧肉，就深深被它折服了，甚至连最后的汤汁也要打包回家。

红烧肉作为国民美食，做法估计上百种也是有的。硬的，软的，不软不硬的；甜的，咸的，淡的，甚至辣的都有；用樱桃烧的，用番茄烧的，还有用可乐烧的。反正每家每户的主妇都会做红烧肉，但最最好吃，最最好看，最最滋补，也最最不会发胖的，一定是自己家的红烧肉。

红烧肉一般都会用到带皮的五花肉，挑选起来得注意 6 个诀窍：皮不厚的五花肉不要；夹花不好看的五花肉不要，肥瘦比例一般在三七开或者四六开；还要看看肉的颜色，要在自然光下看，不发黑也不过于艳丽；摸上去没有湿答答的感觉，说明没有泡过水；再用手指按压一下，能马上复原回来，说明新鲜有弹性；再闻闻有没有异味。

我喜欢用红曲米来做红烧肉，不但颜色更加艳丽自然，而且红曲米对人的身体也是很有好处的。经过一定时间的焖煮，刚出锅的红烧肉，香气四溢，结实饱满的底部瘦肉戴着顶上如白雪皑皑的肥肉，那便是极好的。每一块五花肉都包裹着浓郁的酱汁，肥而不腻，入口即化，连最后的汤汁也可以拌着米饭吃，令人回味，忍不住用舌尖舔一舔嘴角残留的酱汁。

NOTE

1. 煮鸡蛋加一点盐，鸡蛋就不太容易破碎。煮好的鸡蛋放入冷水中浸泡，冷透后剥壳，鸡蛋会很好剥。

2. 焯水这个步骤就要把肉煮烂煮酥软，所以一定要焯水彻底。

3. 红曲米一定要浸泡充分，等红曲米涨大了，汤汁的颜色红了，就差不多了。

4. 鸡蛋不要太早放入，否则鸡蛋口感会变结实。如果最后的鸡蛋是整个摆盘，可以提前给煮好的鸡蛋开花刀。如果鸡蛋是切片摆盘，就整个鸡蛋和五花肉一起焖煮。

红烧肉

参考分量　3~4 人份　　制作时间　90 分钟　　难易程度　★★★☆☆

用料
Ingredients

五花肉 / 500 克

鸡蛋 / 3 个

调料
Seasoning

生姜 / 6 片　　　料酒 / 10 毫升

小葱 / 6 根　　　红曲米 / 20 克

八角 / 1 个　　　生抽（酱油）/ 15 毫升

桂皮 / 1 段　　　老抽（酱油）/ 5 毫升

香叶 / 1 片　　　黄冰糖 / 20 克

油 / 适量　　　　盐 / 2 克

做法
Steps

1. 将鸡蛋洗净入锅，加入没过鸡蛋的水，撒盐，大火煮沸，转小火煮 10 分钟左右，捞出浸冷水里，冷透后剥壳。

2. 小葱、姜片和五花肉一起冷水入锅，加料酒，大火煮开后转中火 30 分钟左右，全程开盖保持沸腾，拿根筷子可以轻松插入五花肉并且没有血水渗出即可。捞出洗净，肉汤过滤留 1000 毫升左右备用。

3. 热锅冷油，油少点，小葱（3 根）、生姜片（3 片）和五花肉一起中火煸炒至五花肉表面呈金黄色。

4. 倒入生抽、老抽，撒入黄冰糖、八角、桂皮和香叶，
轻轻翻炒几下，让五花肉均匀上色。

5. 倒入肉汤，把装有红曲米的滤网放入锅里，中火煮开
转小火，让红曲米的颜色完全浸入汤汁中，可以把红
曲米捞出，盖上锅盖小火焖煮。

6. 40分钟后，放入鸡蛋一起焖煮20分钟。转大火收汁，
不停地轻轻翻动五花肉，当红而发亮的汤汁彻底包裹
住五花肉时，就可以出锅装盘了。

一锅好卤卤一切

　　不知道什么时候，开始刮起了一阵全民健身风。健身的人，除了爱吃蔬菜，还爱吃牛肉。因为牛肉不仅口感好，还低脂高蛋白。但他们吃的牛肉，可不是烤牛排、咖喱牛肉、牙签牛肉之类的重口味，而是偏向清淡的盐水牛肉或者卤牛肉。

　　很多人觉得自己在家卤牛肉麻烦，但只要掌握一些小窍门，不仅能做出一锅好吃的卤牛肉，还能养好一锅美味的老卤，想什么时候吃就什么时候吃，非常方便。

　　当然，牛肉的质地很重要，牛小腿内那一块修长而带筋的肉——金钱腱就是最佳选择，肉里包筋，筋内有肉，筋肉互相纵横交错下仍层次分明，肉质爽口甘香又不失嚼劲。

　　留下的卤水可以重复使用，越久越香，越老越好。每次卤好的卤水将香料捡出过滤，然后将表面的油脂清除，放入带盖子的盒子里，如果一周之内要继续用，那么放冷藏即可，如果一周之内不用，就放冷冻保存，下次再用提前解冻，加入适量冷水和各种调料就可以了。

　　现在每次家里来客人，我都会提前两天从冰箱里拿出金钱腱解冻，第二天用老卤来卤制一碗，第三天切片摆盘，偶尔再调配一个蘸料，一点也不亚于外面饭店吃的卤牛肉。学会这道硬菜，请客吃饭倍有面子。

NOTE

1. 牛肉焯水一定要彻底，否则会影响牛肉本身的香味。焯水后用冷水洗，可以让牛肉肉质更紧实。

2. 水要加足，中途如果发现水少了，要加开水。

3. 牛肉一般煮 45~60 分钟即可，时间太短不酥，时间太长太烂。

4. 牛肉冷藏一晚，有利于入味，第二天切片也更好切。

5. 留下的老卤，以后可以加冷水和香料继续卤牛肉，还可以卤茶叶蛋，也可以卤除羊肉、大肠以外的食材。如果要卤羊肉或大肠，可以舀一点老卤出来单独卤，卤好的卤水要倒掉，否则和老卤倒在一起容易坏。

卤牛肉

参考分量 3~4 人份　制作时间 80 分钟　难易程度 ★★☆☆☆

用料
Ingredients

金钱腱 / 400 克

调料
Seasoning

生姜 / 3 片　　　草果 / 1 颗　　　　　豆瓣酱 / 50 克

小葱 / 4 根　　　花椒粒 / 20 颗　　　　黄冰糖 / 50 克

八角 / 1 个　　　白胡椒粒 / 10 颗　　　料酒 / 10 毫升

桂皮 / 1 段　　　干辣椒 / 3 根

香叶 / 1 片　　　卤水汁 / 200 毫升

白芷 / 1 片　　　生抽（酱油）/ 50 毫升

肉蔻 / 2 个　　　老抽（酱油）/ 30 毫升

做法

Steps

1. 牛肉自然解冻，冷水入锅焯水，葱结和姜片放入锅里，倒入料酒，大火煮沸后转中火，全程开盖保持沸腾，直到用筷子插入牛肉后，不再有血水冒出。关火，把牛肉捞出冲洗干净，过滤牛肉汤。

2. 另起一锅，把过滤出的汤汁倒入锅里，放入所有的调料，煮开后，把牛肉放入锅里，大火煮开，盖上锅盖小火焖煮 45 分钟左右，开盖用筷子戳一下牛肉，可以戳透，就关火。

3. 卤好的牛肉自然放凉，连汤汁一起放进冰箱冷藏一晚。第二天拿出来切片即可食用。

火候恰当，处世亦安然

河虾，是广泛分布于全国各地江河、湖泊、溪沟的淡水虾。

最早吃河虾，以白灼或盐水的做法居多，做法简单，老幼皆宜。锅里爆香葱段和姜丝，加水烧开，放入河虾和花椒粒，等虾身开始变红，倒入少许白酒，再煮一会儿，煮到浮沫向中心聚拢时撇去，关火，再放入几撮葱姜点缀提香，捞出，这就是白灼做法了。这种做法可以吃到原汁原味，不蘸酱汁也无妨，清甜也不腥。若是喜欢吃咸鲜味，可以在白灼时撒一把盐，河虾的口感会更加爽脆弹牙。无论是做白灼还是盐水河虾，都要夏季的带籽母河虾才好，咬起来咯吱咯吱的，别提有多带劲。

还有一种做法也很受大家欢迎，就是油爆虾。做油爆虾，通常会挑选公河虾，提前剪去虾头虾须和虾脚，洗净沥干，这道菜比盐水河虾做法要复杂一些。

油爆非油炸，油爆的温度要比油炸高很多，对火候的考究，有着教科书一般的严格。猛火急攻，尽可能缩短烹饪时间。虾肉熟而不老，虾壳脆而不焦，根据虾壳的爆裂声来判断河虾的出锅时间。真可以说是分秒必争，不能差之毫厘。

日本有一个词，叫作：职人。所谓的职人，就是对拥有精湛技艺的手工艺人的称呼。职人在各行各业都是一个令人肃然起敬的称谓，它背后饱含了人对自己职业全身心的热爱，以及对技艺精益求精的追求。

电影《寿司之神》记录的"寿司之神"小野二郎，他终身从事寿司行业，被誉为"寿司第一人"。他的手艺登峰造极，对食材的挑剔、制作的细致和对学徒的严苛也是出了名的。据说，就连煎蛋，也不是随随便便就能做的。

　　做菜的有三种人，一种是用心做菜的，一种是用脑做菜的，一种是用手做菜的。其实对于"火候"的使用，不仅局限在厨房，更是体现在生活中的每一个小细节之中。食物的烹饪少不了适宜的火候，生活的哲学同样需要把握恰当的火候，才能够安然处世。

　　教做菜，教的只是方法，至于中间的经验和技巧，只能依靠平日的刻意练习来摸索了。

NOTE

1. 河虾一定要沥干水分，最好还要用厨房纸巾吸干水分，再倒入锅里油炸，否则会有"毁容"的风险。

2 第一次油爆的目的是让虾壳表面迅速脆化，第二次油爆的目的可以让河虾更香脆。油爆成功的河虾的状态应该是这样的：虾壳有点裂开，壳肉微微分离，虾尾和虾脚会散开翘起。

3. 用大火将酱汁完全收紧，盘里的汤汁呈凝胶状，完全不能流动，这就可以起锅了。

4. 家里的阿姨、妈妈们通常都不太舍得用油，其实做油爆虾大可放心地倒油，因为虾油是宝贝，可以过滤后留着炒蔬菜吃，最佳的比例是 500ml 油 110 克河虾。

油爆河虾

参考分量 2~3 人份　制作时间 20 分钟　难易程度 ★★★☆☆

用料
Ingredients

河虾 / 250 克

调料
Seasoning

生姜 / 2 片
小葱 / 4 段
油 / 500 毫升
白砂糖 / 10 克

生抽（酱油）/ 10 毫升
料酒 / 5 毫升
醋 / 3 毫升

做法
Steps

1. 河虾剪去虾头和虾须，洗净沥干。锅里倒油，大火烧至 200℃，表面冒有浓烟。用长柄的滤勺装上河虾，把河虾尽量贴着油面迅速倒入锅里油爆，10 秒钟捞出。再把油温烧至 200℃，把河虾再次放入锅里油爆，5 秒钟捞出。

2. 倒出锅里的余油，留有少许的底油，中火爆香姜片和葱段，捞出姜片和葱段。

3. 关火，借余温快速调制酱汁，依次放入白砂糖、生抽、料酒，开大火，快速搅拌，煮到只剩一半酱汁的时候，再倒入醋，搅拌均匀，熬到酱汁浓稠，把河虾倒入锅里，继续大火，翻炒几下出锅，撒上葱花即可。

葱香入胃，熨平每一分食欲

蔡澜先生曾说："我每天早上都会给自己烧一碗面。上海菜里面，我最爱的也就是葱油拌面，一到上海就到处找。"没想到上海大街小巷都会有的一道普通面食，竟然会成为食神蔡澜先生最爱的本帮菜之一。

虽说普通，但葱油面要做好却是面食中最难的，熬制葱油、调制酱油、煮面条、拌面条，就像下棋一样，每一步都要小心谨慎，否则一着不慎就有可能全盘皆输。

一碗葱油拌面，放一勺猪油很重要，葱香、油香和煸过的瑶柱鲜，有层次地交织在一起，足以熨平每一分食欲。

在我的 21 天【小怡的厨房】社群里，葱油拌面的好味道惊艳了所有人。并且，用心熬煮的葱油，装在玻璃罐里，贴上手作标签，也可以当作赠送亲友的小礼物。社群里的作头四姐姐，就是这么干的。她是一个热心肠，学会了方法，立刻熬夜一口气熬了十多罐葱油，一一送到朋友手上。她在群里告诉大家，熬夜熬油真的是一个体力活，累到整个人腰都直不起来，但是朋友们的夸赞让她觉得一切都是值得的。

我相信，大家吃着吃着，作头四姐姐的好人缘就这么出来了。

NOTE

1. 小葱的根须也是宝贝，洗干净一起熬葱油。

2. 一定要等油降温，才能把葱叶放入锅里熬，否则葱叶放进油锅就会焦了。

3. 糖的分量不用很多，吊鲜味的分量要少到吃不出来。

4. 鸡汁和鲍鱼汁的鲜味容易蒸发，所以晚点放。

5. 煮面条，也是一门功夫活。锅要大，水要多，面条要挑选最细的切面。水一定要煮开至滚，才能把面条放入，放入后就要掐准时间。这样煮出来的面条软硬适中，柔韧却不生硬，爽滑却不绵软。

6. 先淋葱油，再淋酱油，酱油可以顺着油均匀地裹在面条上，否则酱油马上会被面条吸收，导致味道不均匀。

葱油拌面

| 参考分量 | 1~2 人份 | 制作时间 | 60 分钟 | 难易程度 | ★ ★ ☆ ☆ ☆ |

用料
Ingredients

干贝 / 50 克

面条 / 150 克

调料
Seasoning

小葱 / 100 克　　　料酒 / 10 毫升

大葱 / 30 克　　　生抽（酱油）/ 200 毫升

洋葱 / 50 克　　　老抽（酱油）/ 100 毫升

生姜 / 10 克　　　蒸鱼豉油 / 50 毫升

香菜 / 10 克　　　白砂糖 / 30 克

猪油 / 100 克　　　鸡汁 / 5 毫升

油 / 400 毫升　　　鲍鱼汁 / 10 毫升

做法
Steps

1. 干贝洗净，放入小碗，再放一枚葱结，倒入料酒以及和料酒等量的清水，浸泡 20 分钟左右。锅里烧水，水开后，把小碗放入锅里大火蒸 10 分钟左右取出沥干，用勺子压扁成丝。

2. 小葱葱叶和葱白、葱须分开，沥干。另起一锅，锅里倒入油和猪油，放入葱白、葱须、大葱、洋葱、香菜，先开中火，把油烧热，再转小火，慢慢熬至所有食材变成焦黄色，把所有食材捞出。

3. 葱油降温后放入葱叶，中火熬至葱叶变成枯黄色，将葱叶捞出。

4. 放入干贝丝，中火熬至干贝丝变金黄色，用漏勺捞出干贝丝，余油晾凉备用。

5. 再起一锅，锅里加少量的清水，倒入白砂糖、生抽、老抽、蒸鱼豉油熬制，等水分差不多都蒸发了，再倒入鸡汁和鲍鱼汁，搅拌均匀关火，倒出晾凉。

6. 开始煮面条，锅里的冷水是面条的 5 倍多。大火把水烧开，把面抖开放入锅里，用筷子迅速划散，45 秒钟左右，用滤网把面条捞出放在碗里。

7. 先在面条上淋 2 勺葱油，再淋 2 勺生抽，拌匀摆盘。最后在面条上堆几撮炸过的葱叶和干贝丝即可。

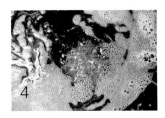

听得到的美味最动人

广州历来都是美食之都，小时候我就超爱广州呢。念初中的时候，爸爸妈妈带我第一次坐飞机出远门旅行，目的地就是广州。当时的我特别欣喜和期待，对所有的事物都保持着强烈的好奇心和求知欲，仿佛开启了一扇新世界的大门。

广州的煲仔饭绝对是天下无双啊！印象最深的是在广州的一条路上，路边摆满了一排排的灶头，灶头上又摆满了冒着热气的煲仔。上了年纪的师傅带着厚实隔热的手套来回巡视，或是揭盖下料，或是用防烫夹夹走煲仔，自成一派街头景观。

正宗的煲仔饭不是现点现吃的，而是现点现做的。提起淘洗浸泡后的米上锅，煮至六七分熟的样子，揭开盖子，倒入调好味的肉，微火焖至米饭收水。有些师傅为了能够起锅巴，会沿着煲仔的边缘淋入芝麻油。最后开盖撒入葱花，铺上蔬菜，趁着热气腾腾，赶紧端到客人的面前，完成最后一个重要环节，当豉油与还有余温的煲仔发生碰撞时，会迸发出"嘶"的声音，这是细小、专业却又动人的证明，也是眼耳鼻舌都能享受得到的美味。

对煲仔饭的印象，似乎一直停留在那次旅行，我孤陋地以为煲仔饭自己在家做不了。直到我遇到一口锅——塔吉锅，才知道原来煲仔饭自己在家也能做，而且很简单很好吃。把所有的食材都放入锅里，不需要长时间的炖煮，就能坐等开吃啦。

NOTE

1. 大米建议用丝苗香米，油润晶莹，米身修长，柔韧适中，米味浓郁。浸泡后再煮，口感更有弹性，颗粒也饱满漂亮。

2. 喜欢吃煲仔饭底部锅巴的人，可以在放入荤的食材后，再沿着锅边儿淋入一些油，用小火煲制，这样就会在做好时，底部形成一层脆香的锅巴。

3. 在焯烫菜心的水里撒盐和淋油，既能给菜心增加味道，也能使得菜心的颜色更加鲜亮。焯烫完还要过冷水，可以使菜心变得翠绿。

香肠排骨煲仔饭

参考分量 3~4 人份　　制作时间 80 分钟　　难易程度 ★ ★ ★ ☆ ☆

用料
Ingredients

大米 / 300 克

香肠 / 2 根

猪肋排 / 250 克

鸡蛋 / 1 个

菜心 / 30 克

调料
Seasoning

料酒 / 10 毫升　　黄豆酱 / 10 克

盐 / 10 克　　蒸鱼豉油 / 20 毫升

白砂糖 / 15 克　　美极鲜酱油 / 20 毫升

淀粉 / 5 克　　芝麻油 / 10 毫升

蚝油 / 10 毫升　　油 / 适量

做法
Steps

1. 猪肋排洗净沥干，用盐、白砂糖（5 克）、料酒、黄豆酱、蚝油（5 毫克）、淀粉腌制 1 小时以上。

2. 把塔吉锅烧热，锅底抹上薄薄的一层油，大米和水以 1:1.2 的比例浸泡在塔吉锅里，浸泡 1 小时左右。

3. 大米泡好以后，往水里滴几滴油。盖上锅盖，中大火 2 分钟，转小火 8 分钟左右。

4. 看到水差不多都收到米里了，用勺子搅动一下，大米呈蜂窝状时放入腌制好的猪肋排，小火继续焖 20 分钟左右。

5. 放入香肠和鸡蛋，再小火焖 10 分钟左右。关火不要开盖继续焖 20 分钟左右。

6. 利用这个时间，把菜心烫熟，在烫菜心的水里，撒一丢丢的盐，淋一丢丢的油，烫完以后，再把菜心过冷水，沥干备用。

7. 调汁：蒸鱼豉油、蚝油（5 毫升）、美极鲜酱油、芝麻油和白砂糖（10 克）混合。开盖放入菜心，淋入调味汁，拌匀即可。

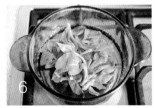

—— Chapter 4

热闹节日

看着妈妈忙里忙外的,我不解:"人家不也熬粥了,干吗要送啊?"妈妈笑了:"交换着喝粥才算是过节,图的就是这份热闹啊。"

一碗粥,也不那么简单,承载的是一份温情、一份关爱。在寒风中奔走相送,如暖流般汇入邻里之间,开启了春节和乐融融的前奏。

粥本朴实,喝的就是这份情谊。

烫得灵魂也忍不住颤抖

春卷是上海人的心头好，上海小囡即便不吃米饭，也要吃一根春卷来解馋。

过年即便菜再多，也不忘上一道炸春卷，仿佛没有一道春卷，年夜饭就不完整似的。炸熟的春卷犹如一根根的金条，鼓鼓囊囊地躺在盘子里。大家争先恐后，长了眼睛的筷子总能夹到又大又粗的那根。

春卷皮，很多人喜欢买摊头或菜场里现摊的春卷皮。但这费时间的手艺活始终快不了，跟不上人们越来越旺的需求。尤其是临近大年夜的时候，各个摊头上的现做春卷皮价格都会翻一番，质量也会因为追求速度而下降不少。个人建议可以考虑买超市里的冰冻春卷皮，不但质量好，而且也更容易包。

春卷馅，喜欢吃咸的，可以炒一个黄芽菜肉丝做馅芯，咸鲜香脆，汁水充盈，蘸点米醋开胃解腻。喜欢吃甜的，可以再在豆沙里夹一片薄薄的糖年糕，咬一口增加黏稠感和拉丝感，层次分明、口感丰富。

春卷一定要现包现炸，包好后静置的时间长了，馅芯里的汁水就会浸透春卷皮，再炸就开始上演噼里啪啦的厨房灾难片了。

NOTE

1. 冬笋在热水里焯烫可以去除涩味。

2. 春卷尾部不要用水或面糊封口，炸的时候只要用筷子夹紧尾部封口处，春卷就能自然定型封口了。

3. 炸春卷的油温不能高，否则春卷很快就会变成大黑脸。

黄芽菜肉丝春卷

参考分量 3~4 人份　制作时间 70 分钟　难易程度 ★★☆☆☆

用料
Ingredients

春卷皮 / 500 克

黄芽菜 / 300 克

里脊肉 / 100 克

冬笋 / 100 克

调料
Seasoning

盐 / 15 克

白砂糖 / 10 克

料酒 / 10 毫升

淀粉 / 5 克

淀粉水 / 25 毫升

油 / 适量

做法
Steps

1. 里脊肉丝用盐（5 克）、白砂糖（5 克）、料酒和淀粉腌制，冰箱冷藏 30 分钟左右。

2. 黄芽菜洗净切成细丝。冬笋剥壳，热水焯烫 5 分钟后捞出，也切成细丝。

3. 锅里倒油，烧至表面微微冒烟，倒入里脊肉丝煸炒至变色，再把冬笋丝、黄芽菜丝依次倒入锅里煸炒，加盐（10 克）和白砂糖（5 克）调味。淋入淀粉水，翻炒至汤汁基本收干，盛出放凉。

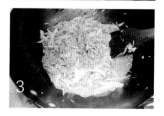

4. 拿一张春卷皮，放上馅芯，底边上折，两个侧边对折，
　向上卷起，叠紧。所有的春卷都按照这样的方式包好。

5. 取一只深一些的小锅，倒入油，烧至表面微微冒烟，
　放入春卷，注意筷子要夹紧春卷的尾部封口处，大约
　10 秒钟放开，转中小火，把春卷炸成金黄色（大约 3
　分钟）即可。

又酥又甜，爱得刚刚好

有一次陪爸爸逛街，路过一家食品店，看到橱窗里的糕点，爱吃甜点的我垂涎三尺，不禁感慨道："现在的孩子真幸福呀，小时候的我们哪有这么多好吃的。"

爸爸说："你小时候不错啦，我小时候可是连最基本的粮食都吃不饱呢。"

"那倒也是，爸爸你还记不记得我小时候经常吃的核桃酥？"我问爸爸。

"当然记得啊，你读书的时候，你妈妈经常买了给你放在饼干罐里，等你放学回家，就拿出来问你要不要吃核桃酥。我当时还说快吃饭了，吃什么点心，你妈妈可不管，你自然更是乐意得很，立马心满意足地吃起核桃酥。每次你吃的时候，你妈妈都在一旁一边看你吃，一边拾掇掉在沙发上的酥屑。"

爸爸描绘的场景，仿佛就发生在昨天，熟悉但又让我有些伤感。

现在，我自己学会了做核桃酥。按比例揉好的面团不能太干，必须是比较湿润的感觉，烤出来的桃酥才会够酥脆。刚烤好的核桃酥，一定要放凉后，才能装罐密封保存。

一块小小的核桃酥，一口咬下去，除了满满的回忆，还有酥、脆、香、甜。它可以作为伴手礼，拉近与家人、朋友的距离，让彼此之间不再是隔着屏幕的一句群发问候或一个微信表情。

罐子里装的不仅是核桃酥，更是心意和爱心。

NOTE

1. 熟核桃仁烘烤后，会变得更加香脆。除了用手掰碎，还可以用刀切碎，或者放在保鲜袋里，用擀面杖碾碎。

2. 表面刷的蛋液也可以换成蛋黄液，这样色泽会更金黄一些。

3. 烤好的核桃酥，完全冷透后口感会更酥脆。

核桃酥

| 参考分量 | 4~6 人份 | 制作时间 | 50 分钟 | 难易程度 | ★ ★ ☆ ☆ ☆ |

用料
Ingredients

熟核桃仁 / 70 克

鸡蛋 / 1 个

普通面粉 / 210 克

泡打粉 / 2 克

小苏打 / 1 克

调料
Seasoning

白砂糖 / 60 克

油 / 110 毫升

熟黑芝麻 / 5 克

做法
Steps

1. 烤箱预热，放入熟核桃仁，上下 150℃烤 5 分钟。

2. 将白砂糖、油、鸡蛋液（留少许鸡蛋液备用）搅拌均匀。

3. 筛入面粉、泡打粉、小苏打，拌匀。

4. 把烤过的熟核桃仁掰碎，放入混合面团里拌匀。

5. 烤盘铺上硅油纸，取一小块面团，揉圆、压扁，码在烤盘上。

6. 核桃酥表面刷一层蛋液，撒几粒熟黑芝麻。

7. 烤箱预热，上下 180℃烤 15 分钟即可。

给脱发青年加点糖

印象中的每个节日，妈妈都会准备各式各样的零食，放在客厅桌上的零食干果盘里，大大卷、旺旺仙贝、山楂片、洽洽瓜子、开心果、狼牙松子、九制话梅、话梅糖、酒心巧克力、徐福记沙琪玛……

午饭前吃，午饭后吃，晚饭前吃，晚饭后吃，我吃的零食干果比正餐还要多。总感觉一群人坐在一起，一边看电视，一边嘎三胡（上海话，意思是聊天），再津津有味地吃上一堆零食干果才算是真的过节。

那么多零食干果中，黑芝麻核桃糖是特别的存在。因为别的零食干果大人们都不让我多吃，骗我说会长蛀牙或者拉肚子，只有黑芝麻核桃糖他们会一个劲让我多吃点多吃点。

长大了，我才知道了让我多吃的原因。原来黑芝麻核桃糖是养生零食，黑芝麻可以健脑益智、乌发养颜，核桃可以健胃补血、润肺养神，适量吃益处多多。

可惜，如今做黑芝麻核桃糖的人越来越少了，即便有，也不太敢买了吃，怕食材不干净、配料不安全。

其实，传统美食，并没有想象中那么难做。黑芝麻核桃糖食材简单，一般家里都会有。最费时间的是熬糖浆，难在糖浆熬到什么程度才到位，最后还要把握切糖的时间，看似简单的过程，其实隐藏着大学问。

NOTE

1. 熬糖浆是最关键的一步，用筷子蘸糖浆尝的时候，一定是变脆的口感。

2. 切块的最佳时机是稍微有些冷却，而不是完全冷透，否则变硬了不好切。

3. 切块冷透后注意密封保存，否则黑芝麻核桃糖容易回潮。

黑芝麻核桃糖

参考分量 6~9 人份　　制作时间 60 分钟　　难易程度 ★★★★☆

用料
Ingredients

熟黑芝麻 / 300 克

熟核桃仁 / 150 克

调料
Seasoning

白砂糖 / 250 克

麦芽糖 / 100 克

纯净水 / 200 毫升

做法
Steps

1. 准备一口干净的不粘锅，把白砂糖、麦芽糖和纯净水倒入锅里小火搅拌熬煮。全程中小火，并不断搅拌以免焦化。糖浆从一开始冒大泡一点点变成小泡，再慢慢变成琥珀色。这时用筷子蘸点糖浆，立刻放入装有凉水的碗里，尝一下糖是否变脆。

2. 变脆后立刻依次倒入核桃和黑芝麻，迅速充分搅拌均匀。

3. 倒入不粘或涂了油的模具，用铲子或勺子压紧。

4. 差不多 5~10 分钟以后稍微有些冷却，倒出黑芝麻核桃糖，切成大小合适的糖块即可。

把爱吃的分给你，一起变开心

大学的时候，我平时住在学校里，吃喝都是自己随意，周末就会回到外公外婆家。

早上睡到自然醒，起床后发现外婆早已经帮我买好早点，蛋饼、锅贴、馒头……因为不知道我什么时候起床，外婆总是会把我的早点买好捂在保温锅里。很多早点冷了或者再加热并不好吃，唯有一样早点，冷了好吃，再加热也好吃，就是发糕。

我吃发糕不太喜欢直接咬，而是喜欢掰一小块送进嘴里细嚼慢咽。松软香甜、细腻柔韧的发糕虽然有些平淡朴实，细细品尝却是回味无穷。一边看书一边吃发糕，一不留神就会吃很多。外婆看见我的馋样，总是乐呵呵地说："喜欢吃就好，多吃点，吃多了也不会上火，这东西可比蛋糕有营养多了。"

中国人都喜欢讨口彩，尤其是在发生重大事件的时候，如生老病死、乔迁修造、新春佳节、祝寿满月……都会希望借助心理暗示，让事情往好的方向发展。记得有一次，隔壁新搬来的邻居笑眯眯地送来两大块发糕，说："我是新搬来隔壁的刘老师，以后大家就是邻居了，送个发糕给你们尝尝，希望以后可以多多关照。"我和妈妈连声道谢，等不及我们多寒暄几句，刘老师转身又去敲其他邻居家的门了。

我对妈妈说："看来今天整幢楼的邻居都有发糕吃了，真好。"妈妈说："是啊，搬迁对一家人来说是一件大事，发糕发得越大，说明这家人越高兴。更重要的是刘老师懂得分享，把自己的快乐分享给更多的人，那样她也会更快乐。"

我想"独乐乐不如众乐乐"大概就是这个道理吧。后来，我还特意自学了如何制作发糕，我尤其喜欢做南瓜发糕，金黄的表皮艳红的枣子，特别适合讨口彩，所以我家老龚不但爱吃，还经常两眼放着光地说："吃了此糕必定发大财！"

NOTE

1. 挖取南瓜泥的时候一定要沥干水分，否则后面的面团会很稀无法成型。

2. 面粉过筛可以更加细腻。南瓜泥一定要晾凉后才能和酵母搅拌。酵母是天然的微生物，被烫过就失去了自身活性，不能再进行发酵了。

3. 沾了水的手拿面团就不容易粘手。

南瓜发糕

| 参考分量 | 4~6 人份 | 制作时间 | 120 分钟 | 难易程度 | ★ ★ ★ ★ ☆ |

用料
Ingredients

南瓜泥 / 350 克

普通面粉 / 350 克

调料
Seasoning

白砂糖 / 20~60 克

酵母 / 4 克

红枣 / 适量

油 / 适量

做法
Steps

1. 南瓜（大约 500 克），去皮切块，上锅蒸熟，蒸 20~30 分钟。挖取南瓜泥。注意要尽量沥干水分哦，趁热把南瓜泥和白砂糖混合搅拌。

2. 普通面粉过筛，把它和酵母混合搅拌。

3. 南瓜泥晾凉以后，把南瓜泥、面粉、酵母全部倒在一起搅拌揉和。

4. 8 寸不粘蛋糕模的四周刷一层油，为了以后好脱模，可以适当多刷一点。用手沾一点蒸南瓜剩下的汁水，把面团拿出来放入模具，并且把它铺平。

5. 放入蒸锅盖好锅盖，开火 1 分钟只要锅里有温度了就关火。发酵 50 分钟，静静等待。然后你会发现面团至少涨大了一倍，在上面放些红枣或者果脯加以点缀，摆成你喜欢的样子。继续盖上锅盖，蒸 30 分钟。关火 5 分钟后再出锅，此刻面团又涨大了一倍。

6. 脱模倒出，切块送入嘴巴里。剩下的可以包保鲜膜放冰箱，再吃的时候可以回锅蒸 10 分钟左右。

给下饭神剧配上追剧小食

咖喱是由多种含有辣味的香料调配而成的酱料，常见于印度菜和泰国菜。一般都会搭配肉类，和米饭一起吃。咖喱可以增加肠胃蠕动，加速血液循环，让人食欲大增。

现在超市里都有卖调配好的咖喱块，平常家里常备几包，就算临时来了朋友，也不怕没有菜可以做。最简单的就是咖喱牛腩，有肥有瘦的牛腩买来切大块和生姜片一起冷水入锅，煮开去除浮于表面的血水和浮沫，小火慢炖 1 个小时左右。想要搭配胡萝卜、土豆、洋葱等蔬菜的，可以切块放入锅里煸炒，再倒入牛腩，然后倒入牛肉汤，放入适量的咖喱块，大火煮开小火焖煮 30 分钟以上，焖煮的时间越长，牛腩和蔬菜也就更入味。

除了家常菜咖喱牛腩，还有一种咖喱牛肉饺，也是曾经红极一时的小吃。它的馅料就是 mini 版的咖喱牛腩，把牛腩换成牛肉碎，蔬菜切成小丁，饼皮则可以偷懒用超市里买的印度飞饼，毕竟特意揉面起酥也是很麻烦。小小的一只咖喱牛肉饺，里面咖喱牛肉馅填得满满的，咖喱味浓郁，还有一点点微辣。现烤现吃，口感最好不过。

我家老龚告诉我，他刚上班那会儿，每天都会早起去昌里路上的清真饭店，排队吃第一锅咖喱牛肉锅贴。清晨吃上 3 两咖喱牛肉锅贴和 1 碗羊杂汤，就能开启能量满满的一天。即便是阴雨天，也不会因为天气而影响心情。

后来，因为房屋动迁，老龚全家搬离了昌里路，再去吃咖喱牛肉锅贴变得不是那么方便了。再后来，因为城市市政建设，这家清真饭店居然悄悄关门了，咖喱牛肉锅贴从老龚的生活里彻底消失了。为此，老龚还伤心了好一阵子，心里始终有咖喱牛肉锅贴的一个位置存在，毕竟爱一种食物，有时候是因为味蕾，有时候是因为回忆。

NOTE

1. 冰冻的飞饼皮取出来就能用，不用解冻，否则不好包馅。

2. 咖喱牛肉酱不要熬得太稀，如果时间允许可以提前一晚熬好冷藏，这样第二天会比较容易包。

3. 平时吃卤牛肉剩下的边角料也可以用。

4. 可以撒上几粒白芝麻，增加香味，也增加美观度。

咖喱牛肉饺

（参考分量）2~3 人份　（制作时间）60 分钟　（难易程度）★ ★ ★ ☆ ☆

用料
Ingredients

牛肉 / 50 克

胡萝卜 / 30 克

土豆 / 20 克

洋葱 / 30 克

冰冻飞饼皮 / 2 张

调料
Seasoning

黄油 / 20 毫升

油咖喱（咖喱块 / 咖喱粉也可以）/ 30 克

鸡蛋液 / 20 克

做法
Steps

1. 把洋葱切成末，胡萝卜、土豆切成小丁，锅里放入提前解冻的黄油，依次放入洋葱末、胡萝卜粒、土豆粒和牛肉碎煸炒。

2. 倒入适量的热水，放入咖喱块，慢煮 20 分钟左右，咖喱牛肉酱就做好了。

3. 取出冰冻的飞饼皮，不用解冻，直接一切为二，取出其中的一半，把馅料放在飞饼的一端，对折飞饼，用叉子沿着饼皮边缘压紧压出花边。

4. 烤箱预热，在咖喱牛肉饺的表面刷上一层鸡蛋液，放入铺有硅油纸的烤盘，180℃，烤 12~15 分钟，表面呈金黄色即可。

粥本朴实，隆重的是情谊

腊八，是我印象深刻的节日之一。因为一过腊八，离过年也就不远了。

每年腊月初七，妈妈就开始忙碌了，淘米、泡果、剥皮、去核、挑拣、浸泡……第二天，妈妈很早就起床煮腊八粥，米类和豆类先一股脑倒入锅里，再倒入一大锅开水，大火煮开。然后倒入前一晚泡米的水，继续煮开，边煮边用勺子顺时针搅拌。搅拌完，开小火，焖煮 30 分钟左右。接着再把剩余的食材（红枣、桂圆、核桃）倒入锅里，焖煮 20 分钟左右。最后淋上 1 滴菜籽油，拌匀。

一碗热气腾腾、香浓黏稠的腊八粥就完成了，光是闻味儿，就够咽下几口唾沫了。自家喝完，妈妈还会再盛几碗粥，送给邻里，邻居也会把他们家熬的粥送来我家。

看着妈妈忙里忙外的，我不解："人家不也熬粥了，干吗要送啊？"妈妈笑了："交换着喝粥才算是过节，图的就是这份热闹啊。"

一碗粥，也不那么简单，承载的是一份温情、一份关爱。在寒风中奔走相送，如暖流般汇入邻里之间，开启了春节和乐融融的前奏。

粥本朴实，喝的就是这份情谊。

NOTE

1. 腊八粥到底是咸的甜的，可以按个人喜好来做。

2. 从营养方面来说，新鲜熬煮的粥会好过隔夜的。味道口感方面也是新鲜的会好些。如果真的喝剩了，那第二天需要热透再吃。

3. 可以根据个人口味选择是否加糖，腊八粥煮出来是微甜的，喜欢吃偏甜口味的朋友，可以再加一点糖调味。

腊八粥

参考分量 3~4 人份　制作时间 120 分钟　难易程度 ★★☆☆☆

用料
Ingredients

糯米 / 20 克　　花生 / 20 克

血糯米 / 20 克　红枣 / 20 克

黑米 / 20 克　　桂圆 / 20 克

赤豆 / 20 克　　核桃 / 20 克

调料
Seasoning

菜籽油 / 适量

做法
Steps

1. 所有食材浸泡过夜。

2. 锅里烧水，水开后，把糯米、血糯米、黑米、赤豆、花生倒入锅里，大火煮开，再倒入前一晚泡米的水，继续煮开。

3. 边煮边用勺子顺时针搅拌，搅拌完，开小火，继续焖煮30分钟左右。

4. 再把红枣、桂圆、核桃倒入锅里，焖煮20分钟左右。

5. 淋上菜籽油出锅。

干了这碗秒变少女

甜品，在中国花样繁多、食法讲究，外国人无非就是简单的布丁，或者用奶油、鸡蛋之类做的糕点，而在中国每个地方还有不同的特色。

在我家，炖甜品和煲汤一样重要，除了好吃好喝，更看重它的滋补养生功效。因为我始终认为，学会养生保健是少生病的关键。除了老生常谈的那些方法，我还喜欢变着花样炖甜品。

各种食材，在水的滋润和浸泡下，慢慢苏醒，缓缓舒展，经过水与火的充分交融，清水化作浓羹，糯香绵稠，甜润滑柔。入口以后，顿时有一种温柔的感觉缠绕舌尖，有一种甜蜜的感觉萦绕心头。

前几年，我一个人去日本大阪，住在朋友谈小姐家里，她家门口的小巷子里，有一家不起眼的甜品店，我们逛累了，就去店里坐坐。老板是一位白发老太太，看见我们进去，总是点头哈腰地招呼我们。我虽然听不懂她在说什么，却能感受到满满的亲切和温暖，就像是来见老朋友似的，完全跨越了国界和年龄。

我们最爱吃她家的银耳羹，银耳熬得浓稠，加少许的红枣碎点缀，一碗银耳羹下肚，我和谈小姐瞬间粉嫩快乐得像个少女，仿佛消散了所有的疲惫，治愈了所有的心伤。

那次我在大阪待了 8 天，是和谈小姐相处最久的一次，也是最后一次，之后谈小姐就突发急病离开了。一切发生得那么突然，一起吃银耳羹的场景还历历在目，欢声笑语就像是发生在昨天，她却已不在了。我心中默想，如果有机会，我要开一家甜品店，来怀念这段友谊。

NOTE

1. 桃胶泡发时间最长，也最难洗，一定要有很好的耐心。

2. 皂角米泡发的水留着，都是胶原蛋白。

3. 炖煮的时间具体还要看实际情况，要以起胶为标准。

4. 鸡头米不能炖煮太久，十几分钟就好。

桃胶皂角米鸡头米羹

参考分量 4~5 人份   制作时间 120 分钟   难易程度 ★★☆☆☆

用料
Ingredients

桃胶 / 20 克

皂角米 / 20 克

鲜银耳 / 半朵

鸡头米 / 40 克

红枣 / 10 粒

调料
Seasoning

黄冰糖 / 20 克

做法
Steps

1. 桃胶提前浸泡 12 小时，浸泡至没有硬芯洗净。

2. 皂角米提前浸泡 6 小时，浸泡的水不要倒掉，后面可以用。新鲜银耳洗净，撕成小朵，鸡头米解冻洗净。

3. 锅里加纯净水，把鲜银耳放入焖煮 30 分钟，再把桃胶放入焖煮 30 分钟，接着把皂角米和浸泡它的水放入焖煮 30 分钟；差不多起胶状了，再把红枣放入焖煮 30 分钟，最后把鸡头米和黄冰糖放入焖煮 15 分钟即可。

Chapter 5

因时而吃

香椿树生长得很快，谷雨前不吃香椿，就会错过品尝香椿的最佳时节。民间就有"雨前香椿嫩如丝，雨后椿芽如木质"的说法。

这世上的很多事都如香椿一样，早了不妥，晚了不行，当时当令才是恰好。

当时当令才是恰好

香椿是早春里的一抹风景，被称为"树上蔬菜"，是香椿树的嫩芽。很多人的第一口春，就是来自于鲜嫩的香椿。

春吃香椿的习俗从汉代一直延续至今，俗称"吃春"，意为辞旧迎新，享受美好的春天。新生出的香椿芽，丰厚娇嫩，像极了鸡毛毽子，一般五六枝为一株，玛瑙色，遇热呈绿色。初闻清香扑鼻，一筷子进嘴，已是春的气息。

而要尝香椿的鲜，简单的料理方法最能保住其独特的香味。齐白石老先生一生爱吃香椿，每逢春天，他喜欢用香椿炒鸡蛋，还喜欢把香椿切成细末拌豆腐吃，或将香椿做成炸酱面、麻酱面或卤面来品尝。

香椿的做法很多，除了炒鸡蛋和拌豆腐，还可以用盐腌制，虽然少了一份鲜气，但是历久弥新，浓郁不减，作为过粥小菜再好不过了。

香椿树生长得很快，谷雨前不吃香椿，就会错过品尝香椿的最佳时节。所以，民间有"雨前香椿嫩如丝，雨后椿芽如木质"的说法。

这世上的很多事都如香椿一样，早了不妥，晚了不行，当时当令才是恰好。

NOTE

1. 香椿一定要用沸水焯烫，去除亚硝酸盐。

2. 在焯烫香椿的水里撒盐和淋油，既能给香椿增加味道，也能使得香椿的颜色更加鲜亮。焯烫完还要过冷水，可以使香椿变得翠绿。

3. 盒装豆腐可以先用刀划开薄膜，撕掉，把盘子倒扣在豆腐盒上，翻转过来，用剪刀在盒子的对角各剪一个口，往小口里吹气，就能轻松地把豆腐完整取出了。

4. 调味可以根据自己的口味来，这道菜里还可以加生抽、醋等来调味。

香椿拌豆腐

参考分量 2~3 人份　制作时间 15 分钟　难易程度 ★ ☆ ☆ ☆ ☆

用料
Ingredients

香椿 / 100 克

嫩豆腐 / 1 盒

调料
Seasoning

盐 / 20 克

芝麻油 / 10 毫升

油 / 2 滴

做法
Steps

1. 冷藏一碗冰水（建议用纯净水）。香椿买来洗净，锅里烧水，水开后放盐（10 克），滴两滴油，把香椿放入锅里焯烫，待香椿变色，立即捞出放进冰的纯净水中浸泡至香椿变凉，捞出沥干。

2. 把香椿切成细末，加盐（10 克）和芝麻油调味拌匀。

3. 把豆腐从盒中取出，倒在盘子里，撒上调好味的香椿末就可以了。

有些美好，过期不候

　　春天，是属于江南的好时节，有看不完的美景和吃不完的蔬果。热闹的菜市场，也比平日更加多几分生机勃勃，让人一有时间就想去走走看看。肥实可爱的蚕豆，总能引起我的注意。想起清炒后入口清香沙糯的口感，就立马想要把它买回家。

　　蚕豆分日本豆和本地豆两种。日本豆是大荚豆，豆粒饱满漂亮，炒出来的蚕豆肉质紧硬，没什么鲜气。本地豆是小荚豆，豆粒小巧鲜嫩，吃起来清甜软糯，就连皮吃起来都是甜口的。蚕豆是时令菜，一天一个价格，刚上市的时候可以卖到十几元一斤，但过后就会呈直线下降趋势，当然越便宜的时候也就越不好吃。本地蚕豆的上市周期很短，一般只有一个多月时间，想吃还得赶早。

　　蚕豆可以当菜，也可以当零食。做法也颇多，葱油蚕豆、咸菜豆瓣、豆瓣蛋花汤、蚕豆焖饭等都好吃。

　　我要是说教大家做葱油蚕豆，一定很多人要说这也太家常了吧，有什么可教的呢？但说实话，这道菜要做好还真不简单，什么时候剥豆？如何煸炒蚕豆？撒盐撒糖的顺序？是否要加盖焖？葱花怎么加？都是有讲究的。越是简单的食材，越是考验烹饪技巧，能把平淡无奇的食材做成一道让人胃口大开的美食，才是真的会做菜。

NOTE

1. 蚕豆千万不能买菜场里现成剥好的，一定要现剥现炒。用先拗断再挤压的方法剥蚕豆，并且把蚕豆的小帽子摘掉，尽量不要弄脏蚕豆。

2. 尽量不要用水清洗，否则会影响鲜嫩度。

3. 蚕豆吸油，所以油要多一些，用葱油会比其他的油更香。

4. 中大火焖煮的过程中，不能掀盖，也不能过早加盐，因为掀盖会让蚕豆变色，加盐早了蚕豆会烧不酥。

5. 这道菜的糖和盐都要稍微多一些，糖可以提鲜、去除豆腥味，盐可以增味。

葱香蚕豆

参考分量　2~3 人份　　制作时间　30 分钟　　难易程度　★ ★ ☆ ☆ ☆

用料
Ingredients

带壳蚕豆 / 1000 克

调料
Seasoning

葱油 / 30 毫升　　小葱 / 15 根

黄冰糖 / 20 克　　盐 / 10 克

做法
Steps

1. 锅内倒入葱油，烧至七成热，倒入蚕豆煸炒。

2. 等蚕豆均匀裹上油后，加入一把黄冰糖，翻炒几下，在锅里加少许水，盖上锅盖焖煮。

3. 中火焖煮 5 分钟左右。

4. 掀开锅盖，撒葱花和盐翻炒几下，大火收汁装盘。

一口尝尽春日的鲜

一说尝鲜就要提到春笋，要说江南春蔬里的灵魂，也非春笋莫属。春笋被誉为"素食第一品"，立春后采挖的笋，脆嫩鲜美，可以嚼出清香和甘醇来。

如果要评选代表上海味道的平民料理，腌笃鲜一定榜上有名。上海人吃笋向来讲究，炒炖焖煮，荤素皆宜，嫩头用来炒，老根搁块肉一起煲汤。油焖笋、腌笃鲜、笋烧肉、凉拌笋、炒双笋，看上去没什么花头，但做法和吃法都是有门道的。

春天喝腌笃鲜，是我们家多年的习惯。仿佛没有喝过一锅妈妈笃的腌笃鲜，家里的万物就还没苏醒。三月的春风乍暖还寒，一锅热气腾腾的腌笃鲜，咕嘟咕嘟地冒着对春天的渴望。咸肉、鲜肉和竹笋三者强强联合融为一体，用平衡的美味告诉我们，洒满阳光的春天就在眼前，更重要的是，它承载了妈妈对我们浓浓的爱意。

腌笃鲜，就是咸肉和鲜肉加上竹笋放在一起小火慢慢煮。咸肉和鲜肉分别切成块，冷水入锅焯水，再起一锅水，水烧开后，加葱结、姜片和料酒一起小火慢笃。煮 1 小时，捞出咸肉，同时放入提前焯过水的春笋再小火慢笃。

腌笃鲜融合了咸肉的咸香，鲜肉的肥嫩，春笋还带有几丝泥土里的清香味，再喝口汤，感觉嘴角都泛着鲜味呢。做起来也很简单，花些小心思就能俘获家人的胃了。春笋上市，就意味着吃腌笃鲜的日子又来了。

广东人煲汤讲究悄无声息地小火慢炖，而上海人的"笃"，却是咕嘟咕嘟地微微沸腾，必须要配上声效才算。笃上两个多小时，一定要笃到火候，那这锅腌笃鲜一定能鲜到把人的眉毛掉下来。会吃的人，一般只吃笋然后再喝汤，汤里的肉其实已经没什么味道了，而笋才是一锅腌笃鲜里的精华所在。

NOTE

1. 挑选春笋时，要掌握"壳黄、节密、肉白、形扁、体弯"这几个要领。首先，笋壳要嫩黄色，表面光洁，紧贴笋肉；其次，笋节要密，越是紧密，肉质也就越为细嫩；最后，就是看体形了，形状扁、笋体弯的春笋相对会嫩些。实在不会挑选的话，最简单的办法就是用指甲掐一下笋的根部，如果出现一道深深的掐痕，就是优质嫩笋。

2. 传统的腌笃鲜都会选用五花肉部位，鲜五花肉和咸五花肉，也可以选择蹄髈部位或者猪蹄部位，口感更肥软适口。

3. 春笋里面含有草酸钙和粗纤维素，要经过焯水之后，才能改善口感，促进消化。

4. 水要完全浸没肉，甚至要超出很多，这样可以保持温度统一。水开后，再把咸五花肉和鲜五花肉放入，慢慢焖煮才会有好味道。

5. 煮1小时，捞出咸五花肉，既能防止咸五花肉枯而无味，又不会使汤底太咸。因为有咸五花肉神奇的存在，所以连盐都省了。

6. 有些人还喜欢放胡萝卜和莴笋，可以增加颜色，最后开盖煮不会让它们变色。第二天还可以放百叶结吸油。第一天建议不要放任何配菜，这样就不会破坏整锅汤的纯粹和平衡。

7. 但是笋再好吃，也不能多吃哦。因为笋是寒凉性食品，含有较丰富的粗纤维，过量食用后，很难消化，容易对胃肠造成负担，尤其是本身已经患有胃肠道疾病的人尤其不可大量食用。

腌笃鲜汤

参考分量 2~3 人份   制作时间 120 分钟   难易程度 ★ ★ ☆ ☆ ☆

用料
Ingredients

鲜五花肉 / 300 克

咸五花肉 / 150 克

春笋 / 500 克

调料
Seasoning

小葱 / 7 根

生姜 / 5 片

料酒 / 10 毫升

做法
Steps

1. 鲜五花肉和咸五花肉洗净、切块，焯水，捞出洗去血水和浮沫。

2. 春笋剥壳、切滚刀块，焯水，中火煮 3 分钟左右捞出。

3. 新起一锅水，放入葱结（6 根小葱）和姜片，水开后，放入鲜五花肉和咸五花肉，再倒入料酒，转小火慢慢焖煮。

4. 1 小时左右，捞出咸五花肉，放入春笋，继续小火焖煮。

5. 30 分钟后，再放入咸五花肉，开盖煮 10 分钟左右关火，撒上葱花（1 根小葱）。

夏来茭白胜春笋

茭白多长于水泽汀田，洁白如玉、鲜嫩水灵，故被称作"美人腿"。上海市青浦区练塘镇，由于自然条件得天独厚，是华东地区种植茭白面积最大、产量最多的乡镇，有着"华东茭白第一镇"的美誉。练塘茭白嫩茎肥大、白净整洁、多肉柔嫩，还带有几丝微甜，可以说是"沪郊一宝"。

夏季是茭白盛产的季节，价格实惠、口感鲜嫩。我总会去买上一箱练塘茭白，一根根茭白齐刷刷地排排坐，身上还粘了不少绿色的浮萍，剥皮以后，嫩茎更是可爱得不得了，白白胖胖的，光滑得犹如少女的肌肤。买多了也不要紧，不要清洗，直接扎袋放冰箱冷藏可以保鲜半个月。当然，什么食材都是越新鲜越好吃。

茭白的做法很多，如果爱吃，完全可以做一桌茭白宴。茭白宜荤宜素、宜炒宜爆、宜拌宜汤，可以独立做一道菜，也可以和其他食材一起搭配成菜。如果偷懒，还能直接白灼或者清蒸，蘸少许调料，清甜无比。唯一不适合的做法是炖煮，因为时间一长，茭白就会变得软烂无力，顿时没了精气神。

NOTE

1. 豆腐干用热水焯烫，可以去除豆腥味。

2. 这道菜适合清淡口味，所以不需要过多的调味。

素六丝

| 参考分量 | 2~3 人份 | 制作时间 | 40 分钟 | 难易程度 | ★★☆☆☆ |

用料
Ingredients

茭白 / 120 克　　黑木耳 / 50 克

榨菜 / 20 克　　青椒 / 80 克

豆腐干 / 50 克　　胡萝卜 / 80 克

调料
Seasoning

盐 / 3 克

白砂糖 / 2 克

油 / 适量

做法
Steps

1. 茭白剥皮切成细丝，榨菜切成细丝，豆腐干用热水焯烫后切成细丝，黑木耳泡发洗净切成细丝，青椒切成细丝，胡萝卜去皮切成细丝。

2. 锅里倒油，等油烧至表面微微冒烟，把榨菜丝、胡萝卜丝、豆腐干丝、黑木耳丝、茭白丝、青椒丝依次放入锅里煸炒至软，用盐和白砂糖调味拌匀就能出锅。

冬天的风冷，但是你暖啊

以前下班的时候，总会路过一个卖糖炒栗子的店铺，香甜的气味夹在秋风中，总能让我产生强烈的饥饿感。忍不住顺着香味，排队买上一包刚出炉的糖炒栗子，拿到手还是暖暖的，一阵暖流从手心传到心底。

顺着裂嘴的地方，轻轻一掰，金黄色的栗子仁就掉出来了，生怕它被寒风偷吃，趁热赶紧塞进嘴里，整个口腔都是香甜软糯。就算是迎着寒风，也会暖和得偷着笑。一天的疲惫和辛苦，都被这暖胃暖心的糖炒栗子给治愈了。

中医认为，每天吃几颗栗子是可以补肾健脾、活血止血的。从营养学角度讲，栗子是坚果家族里少数低脂肪高碳水化合物的种子，而且吸收率极高，适合寒冷的季节补充热量。

用烤箱烤栗子，干净、快捷、方便，味道也相当不错。曾经有人问我："买了烤箱，又懒得烤蛋糕，烤箱还能干啥？"答案是，那就先动手烤栗子吧。相信我，你家的烤箱真的是万能牌的。

NOTE

1. 栗子挑选技巧：选择颜色浅、绒毛多、外壳不怎么有光泽、表面无虫眼的，不要一味地挑个头大的。

2. 给栗子开口的时候，一定要注意安全，先用刀尖插入栗子，再轻轻划一下，裂缝不用太深，栗子后期加热过程中开口会变大。

3. 每个烤箱都有自己的性格脾气，要注意看着，千万不要烤糊了。

糖烤栗子

参考分量 2~3 人份　制作时间 40 分钟　难易程度 ★★☆☆☆

用料
Ingredients

栗子 / 500 克

调料
Seasoning

白砂糖 / 50 克

油 / 20 毫升

做法
Steps

1. 洗净后的栗子，用利刀开口。

2. 清水没过栗子，大火煮开后 3 分钟，捞出沥干。

3. 白砂糖加入一碗清水，煮成糖水，把栗子放入糖水中
   裹匀。

4. 烤盘铺上锡箔纸，栗子开口面朝上，刷油。

5. 烤箱预热，上下 190℃烤 10 分钟。

6. 取出，刷上剩余糖水，开口处可多刷几遍，上下
   190℃再烤 10 分钟即可。

用心的美食会说情话

冬天，菜场里的热闹程度一点也不亚于春天。一条条青鳗劈背成片排成行、一爿爿青鱼干空中挂、一块块腊肠串成绳、一块块咸肉挂竹竿、一只只风鸡风鸭篷下吊……形成一派热闹壮观的景象，让路过的人忍不住要抬头细看，鱼鲞、风鸡鸭、酱油肉、香肠上面还附着一张张小红纸，写着主人的名字，说明已是"名花有主"。主人们只要按照约定时间，来凭票提货就行。

今年冬天我自己在家做酱油肉。从菜场买来4指宽的五花肉，用来做酱油肉比腿肉更适合，肥瘦相间，吃起来软硬适中，闻起来也是香气扑鼻。新鲜的猪肉不用清洗，如果有点脏，就用厨房纸巾稍稍擦拭一下。北京的白酒、山东的老姜、云南的冰糖、广东的酱油，还有近10种自由组合的香料，放在一起熬煮出浓香的酱油，自然晾凉后，把五花肉放入浸渍约5天时间，再捞出来沥干晾晒。晒酱油肉的最佳时间在立冬后、冬至前。倘若在立冬前，天气还暖和，阳光比较强烈，而冬至后天气变化无常，阳光柔弱，不利于晒酱油肉。总之忙活一下，前前后后等上个半把月，就能吃到自己做的酱油肉了。

晾晒在阳台上的酱油肉，虽然远没有菜场里的壮观，但是仪式感十足。每一条酱油肉，都饱含了我的心意和爱心，蒸、炒、焖，想怎么吃就怎么吃，用它们的色香味，向品尝的人诉说着动人的情话。

NOTE

冬笋放入有盐的沸水中焯烫，不但可以去除涩味，还能增加冬笋的鲜味。

酱油肉蒸冬笋

参考
分量　2~3 人份　制作
时间　50 分钟　难易
程度　★ ★ ☆ ☆ ☆

用料
Ingredients

酱油肉 / 100 克

冬笋 / 150 克

调料
Seasoning

盐 / 2 克

大葱葱丝 / 3 克

红椒丝 / 3 克

做法
Steps

1. 冬笋剥壳，去除根部较老的部分，一切为二，再切成薄片。放入沸水中，再加入少许盐，焯烫约 5 分钟后捞出沥干待用。

2. 酱油肉洗净，切成薄片，和冬笋一起摆盘。

3. 锅里烧水，水开后，把酱油肉和冬笋一起放入锅里，大火蒸 20 分钟出锅，放入大葱葱丝和红椒丝摆盘，浇熟油爆香。

让胃长到热带海岛

一说到手抓羊肉饭，大家的第一反应都是：真的是要用手抓着吃吗？

最早的时候还真的是不用餐具的，就是直接用手抓着吃，现在在印度和一些中东国家，仍然有用手来抓饭进食的习惯。

其实手抓饭是生活在我国西北地区的蒙、藏、回、维等民族喜爱的传统食物，在他们的日常生活中必不可少，这与他们恶劣的生活环境和独特的生活习惯有很大的关系。外出游牧，数月不归，羊肉是充饥暖身不错的选择，和米饭煮在一起，连饭带菜都有了，特别方便。

手抓羊肉饭的主角是米饭和羊肉，羊肉要选择肥瘦相间的部位，煸炒过的羊肉咸香味十足，所含的油脂可以渗入米饭里，吃起来更香润。而加入微酸微甜的葡萄干，又能起到解腻的作用，也让味道更丰富。我还喜欢再撒上一些松子仁，让米饭吃起来还有一丝坚果香。

学会做这道饭，平日不吃羊肉的朋友也会想吃，毕竟里面的羊肉没有什么膻味。羊肉性温，既能抵御风寒，又能滋补身体，在冬天食用再好不过了。

NOTE

1. 淘米水可以去除羊肉的血水。

2. 洋葱和胡萝卜切丝，不用切很细的，否则后面会找不到。

3. 羊肉和生姜一起煸炒，可以去除羊膻味。

手抓羊肉饭

(参考分量) 4~5 人份　(制作时间) 80 分钟　(难易程度) ★ ★ ★ ☆ ☆

用料
Ingredients

羊肉 / 500 克　　　　葡萄干 / 30 克

紫洋葱 / 200 克　　　松子仁 / 20 克

胡萝卜 / 200 克　　　大米 / 300 克

调料
Seasoning

盐 / 15 克　　　　　　　　生姜 / 3 片

白砂糖 / 10 克　　　　　　白胡椒粉 / 3 克

生抽（酱油）/ 20 毫升　　孜然粉 / 15 克

油 / 适量

做法
Steps

1. 大米淘好用等量的清水浸泡，淘米水留着浸泡羊肉 30 分钟，紫洋葱和胡萝卜去皮切粗一点的丝，生姜切片，葡萄干用清水冲洗一下。

2. 热锅，放入羊肉煸炒至缩小变色，再加入生姜片一起煸炒，直至羊肉表面变成金黄色。

3. 把胡萝卜和紫洋葱一起倒入锅中煸炒，直至体积缩小、质地变软。这时候，可以在锅里撒入盐、白砂糖、白胡椒粉、孜然粉和生抽，翻炒均匀。

4. 把锅里所有的食材以及汤汁一起倒入电饭煲里，再把大米和等量的水一起倒入电饭煲里，按下煮饭键，开始煮饭。煮饭结束在米饭上撒上葡萄干，把米饭和羊肉搅拌均匀，继续焖 15 分钟左右。出锅撒上几粒松子仁，就能大快朵颐啦。

— Chapter 6

食养好味

有一句俗语是这么说的：现在不养生，老了养医生。夏天，坚持每天早上喝一杯红糖姜枣茶，既能补体内阳气之虚以温中，又能助阳气发散以排寒。其他季节喝，效果也是棒棒哒。关键，还是得要靠坚持哟。

豆子煮开了花，心上也开出了花

以前到了夏天，外婆会给我煮一种糖水，里面有三种颜色的小豆子，淡淡的甜味，说是可以清热解暑。后来，我才知道，那叫三豆汤，三种豆子分别为黑豆、红豆和绿豆。

三豆汤的方子出自宋代医学著作《朱氏集验方》。三豆汤既是糖水，也是味道超好的药茶，喝不了绿豆汤的人可以喝三豆汤来度夏，有去除夏天倦怠乏力、食欲不振、口腻无味症状的效果。绿豆汤解暑的效果很好，但是性偏寒凉，脾胃虚寒的不能经常喝，三豆汤刚好可以调整一下。

黑豆，可以补肾脏，补肾养颜，解毒利尿。红豆可以补心脏，养心补血，祛湿健脾。绿豆可以补肝脏，消肿通气，排毒解压。

把三种豆子，洗净浸泡一晚，第二天起床加适量的清水，大火煮开，小火焖煮，脾胃虚寒的还可以加几片小黄姜，等到三种豆子开了花，再撒上少许红糖或者冰糖就好。

三伏天是一年中最热的三四十天，出现在小暑和立秋之间，也是一年中气温最高且又潮湿又闷热的日子，处在阳历的 7 月中下旬至 8 月上旬。三伏天里，如果可以坚持不吃冰冷的食物，每周再喝两次三豆汤，而且是每天上午喝，一直喝到处暑，这样人体体内的顽固寒气就能至少去除一半呢。

NOTE

1. 淀粉类干豆不太容易煮烂。可以先将豆子用冷水浸泡 30 分钟左右，放入冷冻室冻成冰块后再加热煮，水经过冷冻，体积膨胀，会把吸收水分后的豆子撑裂，有裂纹的豆子遇热水后易煮开花，这样可以大大节约慢煮时间。

2. 红糖性温，更适合老人和小孩。

3. 三豆汤可以连豆子和汤一起喝，怕太撑的可以只喝汤，把豆子放进破壁机里打豆浆喝。

三豆汤

| 参考分量 | 3~4 人份 | 制作时间 | 90 分钟 | 难易程度 | ★ ★ ☆ ☆ ☆ |

用料
Ingredients

黑豆 / 100 克

红豆 / 100 克

绿豆 / 100 克

调料
Seasoning

红糖或黄冰糖 / 20 克

做法
Steps

1. 黑豆、红豆和绿豆清洗干净，浸泡一晚。

2. 把三豆放入锅中，加入适量的清水，用大火烧滚后转
　 小火慢煮 1 个小时左右。

3. 等三豆都开花了，再撒入红糖或者黄冰糖，继续煮
　 10 分钟左右即可。

在喉咙里跳了支舞

　　江浙一带有中秋节吃芋艿的习俗，农历八月正好是芋艿上市的时节，而且江南方言念芋艿谐音为"运来"。所以，中秋节吃芋艿，不仅可以享口福，还能讨口彩。

　　芋艿，口感细软，绵甜香糯，营养价值近似于土豆，但不含龙葵素，易于消化而且不会引起中毒，是一种很好的碱性食物。芋艿可以增强人的免疫力，调整人体的酸碱平衡，还能补中益气，增强食欲，促进消化。

　　菜场里芋艿的质量参差不齐，好的芋艿第一要摸外皮，颜色棕黄，顶部粉红，表皮完整，没有斑点、干枯、硬化、霉点和芽种，根须少，稍稍带一点湿气。第二要看个头，体形要匀称，鸡蛋大小的个头最好，椭圆形的也不错。第三要掂分量，太重说明芋艿生水，太轻说明水分已经流失，不太新鲜。

　　芋艿最常见的做法，就是把芋艿煮熟或者蒸熟后，剥了皮蘸糖吃，原汁原味，香甜粉糯，一口一个香。吃多了家常版的甜芋艿，总想吃点升级版的咸芋艿。碧绿的青菜，咸香的咸肉，一起在香滑软糯的芋艿糊里起舞，滑溜溜，软绵绵，令人回味无穷。

NOTE

1. 让芋艿和芋艿水二合一，可以用手持式的搅拌棒，也可以用破壁机，甚至可以什么都不用，之后煮的时候用勺子按压。

2. 用盐捏一下青菜，可以帮助保持青菜的色泽碧绿、口感清脆。

3. 可以根据自己的喜好，在里面加入其他配菜，比如蘑菇丁、笋丁等。

青菜咸肉芋艿糊

参考分量 2~3 人份　制作时间 30 分钟　难易程度 ★ ★ ☆ ☆ ☆

用料
Ingredients

芋艿 / 250 克

青菜 / 75 克

咸肉 / 35 克

调料
Seasoning

盐 / 1 克

油 / 适量

做法
Steps

1. 芋艿洗净去皮，切成小块，放在清水里煮，大火煮开小火焖煮。大约 15 分钟后，用筷子戳一下芋艿，可以戳穿就说明芋艿已经酥了。用搅拌棒稍微打一下，让芋艿和芋艿水合二为一。

2. 青菜洗净切成细末，咸肉焯水切成小丁，青菜末用盐捏一下，捏去水分。

3. 另起一锅，锅里倒油，用手感受一下油温，油热后把咸肉放入锅里煸炒至变色出油，再把青菜倒入锅里翻炒，然后把之前打好的芋艿水倒入锅里，同时用勺子搅拌，继续煮 35 分钟，等到锅内汤汁变成浓稠糊状即可关火盛出。

最爱的始终是最初的你

芦笋不是笋，而是蔬菜之王，质地细嫩，营养丰富，口感甘甜清脆，秒杀所有蔬菜。

我们在菜场里看到的大多是绿芦笋，其实还有一种更稀有的白芦笋。颜色的不同其实是种植方法所致，绿色的长在地面上，见得到阳光，白色的则是埋在沙里长成的。所以，绿芦笋清香味十足，而白芦笋则味道更细腻。

芦笋味道鲜美，清洗起来简单，做起菜来也很方便。中国人喜欢炒着吃，外国人喜欢煮着吃，不管怎么吃，都是原汁原味的芦笋最好吃。因为含有天门冬素的缘故，芦笋还有防癌抗癌的功效。

网上有个菜谱叫"露贝夫人芦笋尖"，吃法很是奢华，只取用园中新鲜的春天小绿芦笋尖端。芦笋不可以放在水中泡洗，只用流动的水快速冲洗一遍即可。煮好后的芦笋，切下柔嫩的尖端。一磅芦笋配四茶匙牛油，不用炒，只要把牛油加热混合在芦笋里，便可上碟，只加蘸料：半杯奶油加半茶匙盐。要快吃，免得奶油融掉变得水汪汪。

普鲁斯特这位法国作家也爱吃芦笋，《追忆逝水年华》里有一味芦笋菜，配溏心蛋，用芦笋蘸蛋黄吃。普鲁斯特给朋友送水果，也亲自在篮中加一捆芦笋，增加美观度。青绿的杆状，不蔓不枝，浅紫色的尖端，就像含苞的荷花。

芦笋要挑笔直粗壮的，20 厘米长，直径至少达到 1 厘米的芦笋是最好的。买回后，一定不要因为价格高就不下狠手削皮除根。白色芦笋的皮是苦的，必须从头到尾都得削干净，绿色芦笋下半部分的皮也最好削掉，根部两三厘米发硬的部分也不能要。收拾干净的芦笋大概只剩下原来的一半，看了着实让人心疼，但下不了这个狠心，就尝不出芦笋清甜细嫩的美味。

NOTE

1. 洗蘑菇的时候，可以在清水里放点盐，然后顺着一个方向搅拌，这样粘在蘑菇表面的灰尘和杂质就可以很快被清洗掉了。

2. 用热盐水焯烫，可以去除蘑菇的草酸和泥腥味，还能防止蘑菇在炒制过程中大量出水。

3. 芦笋斜着切断，可以让芦笋的横截面最大化，能够入味。

4. 因为蘑菇和芦笋都提前焯烫过，所以炒的时间可以短一些，差不多 2 分钟就够了。

芦笋炒蘑菇

| 参考分量 | 2~3 人份 | 制作时间 | 20 分钟 | 难易程度 | ★★☆☆☆ |

用料 Ingredients

芦笋 / 200 克

蘑菇 / 100 克

调料 Seasoning

蒜末 / 5 克

黑胡椒粉 / 2 克

红椒丝 / 2 克

油 / 适量

盐 / 适量

做法 Steps

1. 蘑菇洗净切片，用热盐水焯烫后沥干。芦笋洗净斜着切成段。用热盐水，滴几滴油焯烫后捞出，再用凉水浸凉。

2. 锅里倒油，蒜末和红椒丝先煸炒，等油烧至表面微微冒烟，把芦笋和蘑菇一起放入锅里煸炒，撒盐出锅，摆盘时还可以撒些黑胡椒粉。

冬天里让你如沐春风

知道肚包鸡，是因为一部电视剧《我的兄弟叫顺溜》，剧中不止一次提到肚包鸡，一部军事片活活被我看成了美食片，让我恨不得马上能够喝到汤。

三营长跟战士们说，陈司令平生有两大爱好，一是歪把子机枪，二是肚包鸡。而且据说陈司令有天大的火气，见到肚包鸡上桌，都先消下一半，什么不开心的事都没了。剧中不仅陈大雷爱吃肚包鸡，就连他最宠爱的新四军战士顺溜也很爱吃肚包鸡。剧中一集有个情节是司令员请顺溜一起吃饭，把肚包鸡拿给顺溜吃。顺溜喜欢吃肚包鸡，居然到了连鸡骨头都能一起吃掉的境界！

汤如其名，肚包鸡就是将整只鸡塞入猪肚里，吃的时候，肚有鸡香，鸡有肚鲜。一打开锅盖，一阵浓香扑鼻而来，汤醇鸡黄，猪肚白嫩不烂，入口轻轻咀嚼，鲜味十足，有淡淡的胡椒味，可再依照个人口味撒上少许的葱花或香菜。

在寒冷的冬天喝上一碗热气腾腾的肚包鸡汤，便能如沐春风，从胃里一直暖到心里。

NOTE

1. 老母鸡和猪肚都是整只一起处理。猪肚如果开口面过大，可以用针线或牙签把猪肚缝补一下，这样老母鸡就不会掉出来了。

2. 想把汤炖白，前期可以大火煮，先撒白胡椒粉可以去腥起浓，这样才能把汤炖成奶白色。

3. 吃的时候，把猪肚和老母鸡盛出来切块，蘸取调料吃。

4. 可以加入枸杞和香菜做点缀。

5. 常言道："药补不如食补、食补不如汤补。"不介意中草药味道的还可以在鸡的肚子里塞一些滋补药材，比如黄芪、当归和党参等。我还喜欢在汤里放少许的白灵菇和淮山药，增味提鲜，还能丰富口感。

肚包鸡汤

参考分量　2~3 人份　　制作时间　20 分钟　　难易程度　★ ★ ☆ ☆ ☆

用料
Ingredients

猪肚 / 800 克

老母鸡 / 1000 克

调料
Seasoning

生姜 / 6 片

白胡椒粒 / 10 克

花椒粒 / 2 克

白胡椒粉 / 5 克

盐 / 适量

白醋 / 30 毫升

淀粉（或面粉） / 30 克

做法
Steps

1. 猪肚放在水龙头下，正反两面翻面冲洗，剪去多余的油脂。再用盐、白醋、淀粉（或面粉）反复揉搓，最后用清水把黏液冲洗干净即可。

2. 1000 克左右重的老母鸡处理干净，把姜片、白胡椒粒和花椒粒塞入老母鸡的肚子里，再把整只老母鸡塞入猪肚里。锅里烧水，肚包鸡冷水入锅，大火烧开后捞出，用热水洗去血水和浮沫。

3. 再烧一锅水并加足水量，水开后把肚包鸡放入锅里，大火烧开后，撒入白胡椒粉，转中火滚 30 分钟左右，改小火慢炖两三小时。炖至汤水呈奶白色，猪肚和老母鸡都可以用筷子戳透了，撒盐，关火。

吃藕不丑还微甜

中秋前后,千呼万唤始出来的莲藕成了菜场里的新宠。好多摊位上都摆了一堆,也不讲究,大大咧咧地摆在那,谁想买了随手挑拣,看中哪根就拣哪根。

莲藕的挑选并不是越白净越好,而是颜色微黄,外表没有损伤,藕节又短又粗,藕孔大、气味香的才是好藕。人的呼吸靠嘴巴和鼻孔,莲藕的呼吸就靠莲藕孔。

俗话说"田九塘七",藕分两种,池塘里种的藕一般有 7 个孔,体形又短又粗,生藕吃起来味道苦涩,淀粉含量较高,水分少,糯而不脆,适宜煲汤。田地里的藕一般有 9 个孔,体形细而长,生藕吃起来脆嫩香甜,水分含量高,脆嫩、汁多,凉拌或清炒最为合适。藕的口感不同,做法和吃法不同,得到的满足感也不同。

湖北的莲藕最有名,一年四季都长在池塘里,随吃随挖,四季都可以吃到最新鲜的莲藕。但是,并不是一年四季的莲藕都适合煨汤,只有秋冬季节的莲藕才能煨出浓汤来,因为这时的莲藕淀粉含量最足。

莲藕排骨汤是湖北菜中的重头戏,不用精巧地调味,粗粗朴朴的一碗汤,好吃好做,满足全家人的胃。

NOTE

1. 猪小排可以买带肋骨的猪肋排,口感和营养会更好。

2. 炖好的汤呈粉色。"粉"既是指莲藕经过长时间的煮制,与水分子里面的氧产生氧化反应,变成了粉色,也是指莲藕的口感变得绵软,外形依旧是滚刀块,一口咬下去又香又浓,藕丝如胡须般撩人。藕丝不能太多,拉起来不能太重,这样藕就老了;但是没有藕丝的话,藕又显得太嫩,淀粉含量少,吃起来不香。

莲藕排骨汤

| 参考分量 | 2~3 人份 | 制作时间 | 20 分钟 | 难易程度 | ★ ★ ☆ ☆ ☆ |

用料
Ingredients

莲藕 / 500 克

猪小排 / 250 克

调料
Seasoning

生姜 / 3 片

盐 / 10 克

葱 / 1 根

做法
Steps

1. 猪小排冷水入锅焯水，把猪小排捞出洗净，肉汤过滤备用。

2. 莲藕洗净去皮，切成滚刀块。

3. 把猪小排、莲藕和生姜一起放入锅里，一次加入足量的肉汤和清水，大火煮开转小火，焖煮两小时左右结束，撒盐、撒葱花就能喝了。

没有一个胖头鱼能逃过砂锅

小时候，妈妈经常烧鱼给我吃，每次还要把鱼脑挑出来，放在我的碗里说："小孩子要多吃鱼，尤其是鱼脑，吃了就会变聪明的。"那时候，我还真不知道鱼脑有多好，只知道这东西有点像炖烂的白木耳，软绵爽滑，油而不腻，吸溜吸溜地就吞进了胃里，有一种妙不可言的感觉。

鱼头为什么好吃？比鱼身要高许多的脂肪含量可能是关键。鱼脑充满胶质，一口吸下去丰润无比；鱼脸颊肉，就是我们俗称的两块核桃肉，又嫩又鲜。鱼头虽然鱼骨多，但是里面的内容可都是精华。尤其是花鲢鱼头，更是人人皆爱。

慢炖出鲜的砂锅鱼头汤，是最普通的做法，也是最能保留鱼头本味的做法，当然这鲜度也要依靠新鲜的食材，所以现吃现杀的花鲢鱼头最好。

要炖煮一锅鲜美香浓还不腥的奶白色鱼头汤，也不是一件容易的事情。必须掌握三个诀窍：鱼头必须要煎黄、冷水下锅大火熬、一勺猪油很重要。掌握了这三个诀窍，厨房小白也能在家喝上鲜香奶白、香浓无比、营养丰富的鱼头汤了。

NOTE

1. 煎鱼头的时候不要一直翻动鱼头，一定要等一面煎黄了再翻面，否则鱼头不容易定型。

2. 白胡椒粉有去腥起浓的作用，如果在起锅前放，就只能吃到胡椒粉的辛辣味。盐一定要起锅前放，提早放不利于蛋白质的释放。

3. 要想鱼头汤又白又浓，一开始可以多加点水，最好不要中途再加水。如果中途要加水，也要加开水。鱼头汤里还可以搭配豆腐或菌菇，具体可以根据个人喜好来。

粉皮鱼头汤

参考分量 3~4 人份　制作时间 60 分钟　难易程度 ★★☆☆☆

用料
Ingredients

花鲢鱼鱼头 / 1200 克

粉皮（湿）/ 250 克

调料
Seasoning

生姜 / 4 片　　白砂糖 / 5 克　　油 / 适量

猪油 / 10 克　　白胡椒粉 / 5 克

盐 / 15 克　　青蒜叶 / 2 根

做法
Steps

1. 花鲢鱼鱼头撕掉黑膜洗去血水，洗净沥干。不粘锅热锅热油，等油烧至表面微微冒烟，把用厨房纸巾擦干的鱼头放入锅里，中小火慢慢煎至表面金黄，翻面再煎，直至鱼头两面金黄。

2. 砂锅里倒入足量冷水，放入姜片、猪油、白胡椒粉，再放入鱼头，大火烧开，用汤勺撇去锅边的浮沫，大火炖煮 15 分钟左右，直到汤色浓稠呈乳白色。

3. 放入粉皮，烧开后转小火慢炖，把粉皮煮软至透明状即可。撒盐还有少量的白砂糖调味，关火后撒上一把青蒜叶。

春风十里，不如荠菜半斤

流行于南北、没有地域之别的春日鲜蔬，当属韭菜、荠菜和香椿。其中以荠菜的烹饪方法最多，可炖、可煮、可炒、可烹，还可做馅。

荠菜有个好听的别名叫枕头草，《诗经》里就有提到荠菜："谁谓茶苦，其甘如荠。"这足以证明人们食用荠菜的历史源远流长，古人早就知道荠菜的味道之美了。

在野菜中，荠菜的味道是最好的，一来无腥苦，二来无怪味，摘些叶子用手一搓还有些淡淡的甜香，这种不偏不怪的味道，与其他食材搁在一起，淡者出味，浓者提鲜。

荠菜的营养价值很高，所含的蛋白质、钙、维生素 C 尤多，钙含量超过豆腐，胡萝卜素含量与胡萝卜相仿，还富含氨基酸 11 种之多，有明目、止血、和脾、利水、降低高血压、增加肠蠕动等功效，其药用价值正如俗话所说："三月三，荠菜当灵丹。"

每当在菜场里看到一堆一堆的荠菜，我就忍不住要买上一大包带回家做荠菜肉丝炒年糕。碧绿绿、油亮亮的荠菜，紧裹着一片片像极了白玉的年糕，鲜红色的肉丝星星点点地加以点缀，感觉三种食材有一种握手言和般的美好。

NOTE

1. 腌制肉丝，可以放少量的糖提鲜，取代味精、鸡精的作用。

2. 荠菜因为是野菜，所以清洗起来比较费工夫，可以用淘米水来浸泡荠菜去除泥沙。

3. 第一次煸炒荠菜的时候，要注意时间，不能炒过头了，毕竟荠菜还要第二次煸炒。

4. 可以用猪油代替油。

荠菜肉丝炒年糕

参考分量	2~3 人份	制作时间	20 分钟	难易程度	★ ★ ☆ ☆ ☆

用料
Ingredients

荠菜 / 100 克

猪里脊肉 / 80 克

年糕 / 600 克

冬笋 / 80 克

调料
Seasoning

盐 / 3 克

白砂糖 / 2 克

料酒 / 5 毫升

淀粉 / 2 克

做法
Steps

1. 猪里脊肉洗净切成肉丝，用盐、白砂糖、料酒、淀粉腌制 15 分钟左右；冬笋焯水后切丝；荠菜去根去黄叶洗净沥干，切碎；年糕稍微冲洗一下，沥干。

2. 锅里倒油，油热后把荠菜和冬笋丝放入锅里煸炒，炒至断生快速盛起。

3. 锅里倒油，油热后把肉丝放入锅里滑炒，肉丝变色盛出。

4. 锅里倒油，油热后把沥干的年糕倒入锅中煸炒，淋少许水，不断翻炒。炒至年糕变软，再把荠菜、冬笋丝和里脊肉丝放入锅里，撒盐调味，稍微翻炒几下出锅。

抚慰心灵的夏日解药

民间流传着许多关于姜的谚语,比如"早吃三片姜,赛过人参汤""冬吃萝卜夏吃姜,不劳医生开药方""男人不可一日无姜"等等。可见,姜实在是个好东西。生姜是每家每户必不可少的调味品,也是可以治百病的药用食材。

经过一个冬天、一个春天,人体内积聚的病气会很多。夏天吃姜,有排汗降温、兴奋提神等作用,可以缓解疲劳、乏力、厌食、失眠、腹胀、腹痛等症状,生姜还有健胃、增进食欲的作用。

平时我们在菜场里看到的都是最普通的生姜,甚至是用硫黄熏过的生姜。所以挑选的时候一定要擦亮你的"火眼金睛"。一用眼看,正常生姜的颜色是淡黄色的,表面粗糙干燥;二用手捏,肉质坚挺,不酥软;三用鼻闻,正常的生姜带有淡淡的辛辣味,而不是索然无味。

我微店里的销量冠军,竟然就是红糖姜枣膏。好多回头客每年都坚持买坚持喝,毕竟自己在家熬膏不但麻烦,而且一次熬很多储存也是问题,买一罐喝上一个月正好。

有一句俗语是这么说的:"现在不养生,老了养医生。"夏天,坚持每天早上喝一杯红糖姜枣茶,既能补体内阳气之虚以温中,又能助阳气发散以排寒。其他季节喝,效果也是棒棒哒。关键,还是得坚持喝哟。

NOTE

1. 因为没有添加任何添加剂和防腐剂,所以不开盖放冰箱冷藏的保质期为一个月左右。

2. 开盖后,尽量要每天坚持吃,一是为了保证养生效果,二是尽量要早些吃完以免影响质量。

3. 每天清晨或上午,干净的勺子挖1～2勺红糖姜枣膏,用开水冲泡,记得把里面的生姜末和红枣粒一起吃下去哦。切记,下午和晚上不能喝哦。早吃姜,补药汤;午吃姜,痨病找;晚吃姜,见阎王。

4. 女生如遇痛经或是月经量少的,可以继续喝。一般经期还是不建议喝的。

5. 女生坐月子期间是可以喝的,红糖姜枣膏可以帮助排恶露、补气血。

红糖姜枣膏

| 参考分量 6~9 人份 | 制作时间 90 分钟 | 难易程度 ★★☆☆☆ |

用料
Ingredients

四川小黄姜 / 500 克

新疆和田大枣 / 250 克

调料
Seasoning

广西古法红糖 / 500 克

做法
Steps

1. 把小黄姜洗净，用小刀刮去脏的皮，切成大块。

2. 清水冲洗红枣，用剪刀把红枣去核，剪成小粒。

3. 把小黄姜和红枣放入破壁机中打碎后，加入适量的纯净水，大火煮沸小火熬煮，过程中需要不断地搅拌，以防糊底。等水分蒸发的时候，再加入红糖，待红糖融化就能收膏了。

4. 用质量上乘的带盖玻璃罐，先将玻璃罐用 100℃ 的沸水滚烫消毒，然后自然沥干。趁红糖姜枣膏还是热的时候装瓶，盖紧瓶盖倒放形成真空。装瓶的时候一定要小心，大热天的以免烫伤。

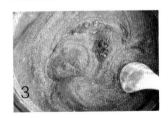

— Chapter 7

颜值最高

《致匠心》有一段话说得很好：人不能孤独地活着，之所以有作品，是为了沟通。透过作品去告诉人家：心里的想法、眼中看到世界的样子、所在意的、所珍惜的。所以，作品就是自己。

一碗小小的炖水蛋，就是你眼中世界的样子。

星星落进了你的碗里

炖水蛋，我从小吃到大，可以作菜也可以作汤，也可以当作点心。

小时候，妈妈经常会炖水蛋给我吃，细腻嫩滑的鸡蛋，淋点酱油和芝麻油，再拌入米饭里，感觉这样就很满足了。长大后，才知道，原来在水蛋上面可以放很多配料，比如蛤蜊、瑶柱、秋葵等。

最常见的是蛤蜊炖蛋，别看这道菜在外面卖得很便宜，但是这可真的是一道功夫菜。偷懒把蛤蜊和鸡蛋液一起炖的话，就要出问题啦，两种食材不是你先熟，就是我先熟，最后根本没法上桌。我的方法是锅里烧一点点水，放入葱姜料酒，水开后把洗净的蛤蜊放入锅里，等蛤蜊张嘴了就捞出，掰去一半的壳，把一枚枚的半壳蛤蜊码在碗底。焯烫蛤蜊的汤汁过滤残渣，趁温热倒入蛋液里一起打匀，再把带有蛤蜊汤汁的蛋液淋入碗里，让每一枚半壳蛤蜊都能接受爱的洗礼。

《致匠心》有一段话说得很好：人不能孤独地活着，之所以有作品，是为了沟通。透过作品去告诉人家：心里的想法、眼中看到世界的样子、所在意的、所珍惜的。所以，作品就是自己。

一碗小小的炖水蛋，就是你眼中世界的样子。

NOTE

1. 建议用土鸡蛋，口感会更好。

2. 顺着一个方向打蛋液，可以让蛋液更加顺滑。

3. 所有的动作都必须轻轻的，否则会激起泡沫。

4. 蛋液里面滴一滴素油，炖出来的水蛋就不会粘底；冷水蒸，逐渐升温，蛋液里外的嫩熟程度就能一致。

秋葵炖蛋

参考分量 2~3 人份　制作时间 20 分钟　难易程度 ★★★☆☆

用料
Ingredients

秋葵 / 半根

鸡蛋 / 2 个

调料
Seasoning

盐 / 2 克

油 / 2 滴

做法
Steps

1. 鸡蛋加盐，滴 2 滴油，顺着一个方向打匀，用极细的过滤网过滤鸡蛋液 3 次，再加 2 倍多的温水，把鸡蛋液继续顺着一个方向打匀，静置直到鸡蛋液消泡。

2. 把洗好的秋葵切成 3 毫厚度的薄片，轻轻地放在鸡蛋液上。

3. 在鸡蛋液上覆盖一层保鲜膜，用牙签戳几个洞，锅里烧水，把鸡蛋液冷水入锅，水开后蒸 10 分钟即可。

咬一口不老的灵魂

爸爸六十大寿那一年，我送给爸爸的礼物就是带他去香港玩。

爸爸第一次去香港，兴奋得像个孩子，每天跟我一样早起晚睡，不愿错过在香港的每分每秒。我把每天的行程安排得满满的，除了带爸爸去一些经典景点游玩，自然还要带爸爸吃吃吃。

吃过几家好吃到犯规的餐厅后，爸爸跟我说："我发现一个奇怪的现象，香港人怎么都喜欢吃水果菜？柠檬、甜橙、菠萝、杧果、荔枝、木瓜、香蕉……这些本该是餐后的水果竟然都成了主菜，关键还很好吃。"

是的，香港厨师厉害的地方在于，水果入菜并不是单纯作为点缀，而是真的与其他食材融为了一体，形成了一种复合的口味。无论是酸或是甜，还是鲜嫩或是滑糯，无一例外的都是清新爽口。

再想到上海的美食，水果入菜最有名的要数菠萝咕咾肉，酸酸甜甜的菠萝、外脆里嫩的咕咾肉，两者搭配在一起，色泽鲜亮，酸甜适口，第一口就能把吃货给征服。

那一次的香港之行，给我和爸爸都留下了深刻的印象和美好的回忆。爸爸辛苦工作了三十多年，终于可以放慢脚步享受生活了。真希望爸爸不会变老，我可以陪他去看看更大的世界。

NOTE

1. 里脊肉买回来用刀背稍稍拍松，可以让肉质更加松嫩。

2. 菠萝最好挑选熟一些的，口味比较好。

3. 炸东西建议选用口径小一点、深度深一点的锅，会比较省油。

4. 家里没有番茄酱的可以用番茄沙司代替，但是味道和颜色都会淡一些哦。

5. 里脊肉一定要复炸，这样会更加香脆。

菠萝咕咾肉

参考
分量　2~3 人份　制作
时间　20 分钟　难易
程度　★ ★ ★ ☆ ☆

用料
Ingredients

里脊肉 / 220 克

菠萝 / 220 克

青椒 / 30 克

红椒 / 30 克

洋葱 / 50 克

调料
Seasoning

盐 / 5 克

白砂糖 / 10 克

白胡椒粉 / 2 克

鸡蛋 / 1 个

淀粉 / 50 克

番茄酱 / 60 克

白醋 / 5 毫升

淀粉水 / 10 毫升

做法
Steps

1. 里脊肉用盐、白砂糖、白胡椒粉和鸡蛋腌制，记得
   用手给里脊肉按摩哦，抓匀后可以放冰箱冷藏 1 小时
   以上。

2. 菠萝切块，用盐水浸泡。青椒、红椒和洋葱也切块
   备用。

3. 淀粉过筛，包裹每一块腌制好的里脊肉。

4. 锅里倒油，大火，把油烧至表面微微冒烟，把里脊肉一块块放入热油中，记得用筷子动一下，尽量不要让它们难舍难分，炸到表皮金黄色，捞出。再大火把油加热，把里脊肉放入锅里复炸，10 到 20 秒钟捞出沥油。

5. 把锅里多余的油倒出，留有余油，放入洋葱、青椒、红椒炒到八分熟，放入菠萝，稍稍翻炒，全部盛出备用。

6. 锅里放番茄酱和小半碗水，小火熬至番茄汁变浓稠，放入白砂糖，倒入少许白醋，淋入淀粉水，翻拌均匀。

7. 汁水完全融合后，放入炸好的里脊肉，快速翻炒裹上酱汁，最后放入洋葱、青椒、红椒和菠萝，稍稍翻炒就能出锅。

从此走向人生巅峰

　　我家老龚对水产可以说是情有独钟，除了各种鱼类、贝类，吃得最多的莫过于虾类了。虾肉性温味甘，不仅不会造成口感上的饱腻感，还富含多种营养物质，经常食用能增强人体免疫能力。除了对虾过敏的人，不夸张地说，我几乎没遇到过能够抗拒虾的诱惑的吃货呢！

　　菜场里活蹦乱跳的虾，总是吸引着我前去逛逛看看，斑节虾、草虾、基围虾、河虾……虾是一年四季都有，但吃虾的最好季节是夏季，因为这个时候虾是最有营养的，而且比较肥美。

　　吃多了盐水虾和油爆虾，总想换换口味来点不一样的，那就是做一道颜值超高又很能撑台面的花开富贵虾。

　　李渔曾说：虾为荤食之必需。虾肉鲜甜嫩滑，任何食材和它搭配，都会变得更加风味鲜美，而加了蒜蓉汁后，虾味更是被激发得无处安放。长得好看，也有个好名，而且可以凑个好数，可以封它为家宴里的扛把子。

　　我还曾经在方太烹饪教室里教大家做过这道菜，即便是只会做番茄炒蛋的初阶小兵，也能把这道菜漂漂亮亮地完成，收了家里人的心，从此走向人生巅峰。

NOTE

1. 挑选虾的时候，尽可能选择当季肉质相对肥美多汁的虾，口感会更好。

2. 用刀背拍打虾身，敲断虾筋，可以让虾在蒸煮的过程中不易蜷起来影响美观。

3. 粉丝需要用温水才能完全泡发。用冷水不但不能充分泡发，还容易造成糊锅。用热水泡发欲速则不达，外表软烂里面坚硬。

4. 实际蒸煮的时间根据虾的大小来决定。

花开富贵虾

参考分量 3~4 人份　　制作时间 30 分钟　　难易程度 ★ ★ ★ ☆ ☆

用料
Ingredients

大虾 / 10 只

粉丝 / 1 把

蒜末 / 30 克

小葱 / 2 根

调料
Seasoning

白砂糖 / 5 克

盐 / 3 克

醋 / 3 毫升

生抽（酱油）/ 20 毫升

蒸鱼豉油 / 20 毫升

白胡椒粉 / 3 克

油 / 适量

做法
Steps

1. 粉丝提前用温水泡发 30 分钟，捞出沥干备用；大虾冲洗干净，剪去的虾钳与虾须，加入少量清水煮成汤汁备用。

2. 用厨房专用剪刀，从虾头与虾身交界处剪开，一般剪开 1/2 或者 2/3，不要剪断；将虾身沿着虾的背脊剪开，不要剪断，摊开后，用牙签挑出泥肠。

3. 清水冲洗干净，并用刀背拍打虾身几下，敲断虾筋。

4. 热锅冷油，先煸炒蒜蓉至金黄，然后加入白砂糖、盐、醋、生抽、蒸鱼豉油、白胡椒粉，再加入先前煮好的汤汁，做成蒜蓉汁。

5. 将粉丝绕成小团，摆放在盘子中间，将虾头朝里，码成花朵形状。

6. 把蒜泥汁淋在虾身上，锅里烧水，水开后把虾放入蒸 6 分钟左右。

7. 出锅，撒上葱花，记得淋上熟油爆香哟，一盘好吃、营养、养眼的花开富贵虾完成啦！

让人迷恋的甜蜜饯儿

据说山东是拔丝菜的发源地。蒲松龄在《聊斋文集》中就提到过"而今北地兴搋果，无物不可用糖粘"，说明当时山东就已经开始流行拔丝菜了。

拔丝就是指将糖熬成能拔出丝来的糖液，包裹于炸好的食物上的烹饪方法。常见的有拔丝苹果、拔丝山药、拔丝红薯、拔丝香蕉，虽然主要食材不一样，但烹饪手法以及摆盘造型都是大同小异。

拔丝的难点，在于炒糖色。用水炒糖比用油炒糖相对简单些，最早的糖水，是淡黄色，冒着清晰可见的大泡泡，经过慢慢搅拌慢慢熬煮，最后的糖汁，变成了棕黄色，冒着密密麻麻的小泡泡，让密集恐患者惧症简直要抓狂。除了看颜色看形态，还可以准备一碗凉水，用筷子蘸取糖汁，快速把糖液放入凉水里，然后再抽出筷子品尝，看看糖汁是否变脆。如果变脆，就赶紧把提前准备好的还是热的食材倒入糖汁中，翻拌均匀，摆盘造型。

吃拔丝菜时一定要准备一碗凉水，要趁热吃，又不能心急，要蘸一下凉水再吃，快速降温，既避免烫嘴，也可使糖衣变脆而不粘牙。否则这拔丝真的会很给面子的，任你把它拔得有多长有多远，和你缠缠绵绵地纠缠不清。

NOTE

1. 有一定厨房经验的，建议可以一边油炸红薯，一边熬糖浆，左右开弓，提高效率。

2. 红薯要切得大小均匀，还要沥干或擦干，油炸的时候要适当地推动。

3. 熬糖浆一定要小火，反复加热、反复融化都没问题，只要别糊了就行，否则会影响色面和口感。

4. 装红薯的盘子抹一层油，以免粘盘。

拔丝红薯

参考分量 2~3 人份   制作时间 40 分钟   难易程度 ★ ★ ★ ★ ☆

用料
Ingredients

红薯 / 250 克

调料
Seasoning

白砂糖 / 125 克

麦芽糖 / 50 克

水 / 200 毫升

油 / 适量

做法
Steps

1. 红薯去皮洗净，切成大小均匀的滚刀块，沥干或用厨房纸巾擦干。

2. 锅里倒油，等油烧至表面微微冒烟，拿筷子放在油里四周冒泡的状态，把红薯倒入锅里油炸，全程中小火，炸至红薯呈金黄色捞出。

3. 把白砂糖、麦芽糖和水混合倒入不粘锅里，搅拌均匀，大火煮开，小火慢熬，熬到糖浆变脆的程度。

4. 把红薯倒入锅里，翻拌均匀，使糖浆完全裹在每一块红薯上，快速出锅。

5. 盘子上抹一层油，把红薯装盘，用筷子或叉子蘸取锅里剩余的糖浆，围绕着红薯绕圈绕出丝来。

年年有鱼年年余

鲈鱼是我们最常见的鱼之一，鲈鱼身上最明显的"标志"就是鱼背上有很多的黑色圆点。

鲈鱼在历史上有着举足轻重的地位，从古至今，很多文人墨客毫不吝啬对鲈鱼的赞美，李白、杜甫、范仲淹陆游等人都为鲈鱼作诗吟词。

市面上，除了鲜活的淡水鲈鱼，还有冰鲜的海鲈鱼，两者价格相差不大，但是口感还是有很大差别的。海鲈鱼的体形要比淡水鲈鱼大，由于是冰鲜货，所以腥味重肉质柴，一般用来红烧居多。

淡水鲈鱼，以清蒸居多。不讲究的，把鱼洗净，撒盐，倒料酒，配上葱姜，直接上锅蒸。讲究一些的，可以用刀切割鲈鱼，让鲈鱼立马开屏。开屏鲈鱼不但可以达到视觉上的震撼效果，更可以缩短蒸鱼的时间，在家宴当中担当扎台型的大菜。

别看蒸鱼人人都会，可是要把鱼蒸得肉白如雪、鱼肉细腻，也是有技巧的，比如在鱼身两侧插上洋葱片，在鱼身上放上一坨猪油，最后再用热油爆香葱花。烹饪技巧在于融会贯通，而不是简单叠加。方法都是一样的，清蒸其他的鱼也可以用同样的技巧。

NOTE

1. 鲈鱼的血丝和黑膜一定要清理干净，否则会导致蒸完以后，鲈鱼很腥。

2. 洋葱丝可以起到去腥提香的作用，猪油可以起到让鱼肉香滑鲜美的作用。

3. 具体蒸鱼的时间还要根据鱼的大小来决定。

开屏鲈鱼

参考分量 2~3 人份　制作时间 20 分钟　难易程度 ★★☆☆☆

用料
Ingredients

鲈鱼 / 1 条

调料
Seasoning

小葱 / 2 根　　蒸鱼豉油 / 15 毫升

生姜 / 4 片　　料酒 / 5 毫升

洋葱 / 6 片　　盐 / 5 克

小米椒 / 2 根　猪油 / 1 勺

做法
Steps

1. 鲈鱼洗净后，先把鱼头切下，再从鱼的背部垂直下刀，将鱼身切成间隔 1 厘米左右的宽片，要保持鱼肚部分的鱼肉相连（切口距离鱼肚 1 厘米左右），切完后将鱼尾切下。

2. 把姜片和洋葱片均匀铺在盘子上，将鱼头、鱼身和鱼尾摆出扇面造型，把料酒、盐和猪油均匀地抹在鱼身上。

3. 锅里加水，水开后把鱼放入，盖上锅盖，蒸 6 分钟左右。蒸好以后，淋上蒸鱼豉油，把葱末和小米椒圈铺在鱼身上，浇熟油爆香。

上桌了还滋滋作响

俗话说：端午黄鳝赛人参。端午前后，是吃黄鳝的最好时节。黄鳝本就软滑无刺，再经过一个冬天和一个春天的蓄养，格外的肥美体壮。

小时候，我最爱跟在妈妈屁股后面去菜场买黄鳝。先烫后划，用塑料签把黄鳝去骨，划成一丝一丝的，感觉特别神奇。

挑选黄鳝，一看颜色，黄色带斑；二摸表皮，柔软无伤疤；三试手感，抓不牢的黄鳝新鲜有劲道。汆烫黄鳝，一般需要麻烦摊主帮忙完成，记得要千叮咛万嘱咐，黄鳝不能烫熟了，烫得生一些，划丝难度会增大，但烹饪起来口感也会更好。汆烫过熟的黄鳝肉质呆板，鲜味尽失，味道也渗入不了。

黄鳝如果只是被切成了段，叫鳝段；被去骨切成片的，叫鳝背；被去骨划成了丝，叫鳝丝。在上海，鳝丝最有代表性的做法是响油，炒好的鳝丝，撒上白胡椒粉和蒜末，噼里啪啦地淋上熟油，有声有色有滋味，几乎所有的本帮餐厅都会有这道响油鳝丝。

而我最爱吃的是湖州名菜烂糊鳝丝，相传在清乾隆年间，乾隆皇帝下江南路过南浔，品尝之后，大赞味道鲜美、回味无穷，因此把烂糊鳝丝列为宫廷菜肴，这道菜由此成名。

这道菜的做法类似于淮扬菜里的炒鳝糊，最大的特点是颜值高，五颜六色的好似山花烂漫，重油蒜辣、柔软鲜嫩，蒜泥香和火腿香完美融合。

吃完鳝丝的油不要倒掉，第二天买块豆腐，撒点葱花煨一煨也是极好的。

NOTE

1. 鳝丝一定要把肚肠和血丝清洗干净，否则炒出来的鳝丝会有泥腥味。

2. 炒鳝丝，油要旺，动作要快，所以调料可以提前调配好，直接一次倒入即可。

3. 最后淋入的猪油一定是烧得滚烫的，这样才能把蒜末的香味爆到极致。

烂糊鳝丝

参考分量　2~3 人份　　制作时间　20 分钟　　难易程度　★★★☆☆

用料
Ingredients

鳝丝 / 400 克

调料
Seasoning

火腿丝 / 20 克

鸡胸脯丝 / 20 克

青椒丝 / 20 克

虾仁 / 20 克

蒜末 / 20 克

猪油 / 40 克（30 克 +10 克）

料酒 / 10 毫升

生抽（酱油）/ 15 毫升

老抽（酱油）/ 15 毫升

白砂糖 / 10 克

水淀粉 / 10 克

白胡椒粉 / 2 克

芝麻油 / 5 毫升

做法
Steps

1. 鳝丝洗净，去除肚肠和血丝，用刀切成小段；青椒丝，用沸水焯烫；虾仁用熟猪油炒熟，沥干油；火腿丝、鸡胸脯丝，用沸水焯烫。

2. 锅里倒入猪油（30 克），等油烧至表面微微冒烟，放入鳝丝煸炒至变色，再倒入调配好的调料（料酒、生抽、老抽、白砂糖），翻炒均匀后，用淀粉水勾芡，出锅装盘。

3. 在炒好的鳝丝当中挖一个洞，撒上白胡椒粉、淋上芝麻油，将配料分类堆放在洞周围，中间放上蒜末，再淋上烧沸的猪油（10 克），立即上桌。

这款蛋挞，让你边吃边瘦

香菇，又叫香蕈（ xùn），是世界第二大食用菌，在民间素有"山珍之王"之称。

人们常说的"三菇六耳"，是多种真菌食材的统称，是食素者的最佳营养来源之一。"三菇"指的是香菇、草菇和蘑菇，"六耳"指的是木耳、银耳、石耳、榆耳、黄耳、桂花耳，这其中，香菇以其浓郁的风味、丰腴的口感、超群的营养，牢牢占据"三菇六耳"的第一名。不仅是素斋必备，也是家常菜大受欢迎的食材。经常食用香菇，可以增强人的免疫力，延缓衰老，防癌抗癌，还能降"三高"。

香菇的气味，其实来自于其中的鸟苷酸，这是大多数菌类中存在的物质。新鲜香菇与干香菇气味不同的原因，主要在于其中鸟苷酸含量的多少。香菇在干燥的过程中，会产生大量的鸟苷酸，其含量大约是新鲜香菇的 2 倍。所以，干香菇的气味更浓郁，味道也更鲜美。

香菇的做法有很多，煲汤、炒菜、煮粥，它都是很好的配角，起到提鲜增香的作用。但有一道菜，让香菇终于当上了主角，那就是香菇蛋挞。此蛋挞非彼蛋挞，不是甜的，而是咸的；用的不是鸡蛋，而是鹌鹑蛋；蛋挞皮不会起酥，而会出水。

香菇蛋挞是一道创意菜，鹌鹑蛋和香菇结合，口感不但完美而且营养恰到好处，做起来也简单，关键还是颜值高。

NOTE

1. 清洗香菇的时候，一定不要把香菇洗破了，会影响颜值的。

2. 鹌鹑蛋比鸡蛋营养更好，也更适合老人和小孩。

3. 出锅后，如果想吃重口味的，还可以用生抽、糖、蚝油、淀粉等调汁勾芡。

香菇蛋挞

参考分量　2~3 人份　制作时间　20 分钟　难易程度　★★☆☆☆

用料
Ingredients

新鲜香菇 / 6 朵

鹌鹑蛋 / 6 颗

调料
Seasoning

盐 / 3 克

芝麻油 / 5 毫升

小葱 / 2 克

做法
Steps

1. 香菇去除根蒂，洗净装盘。

2. 在每个香菇上撒一点点盐，打入鹌鹑蛋。

3. 锅里加水，水开后把香菇蛋挞放入蒸 10 分钟；出锅后，淋几滴芝麻油，撒上葱花即可。

质朴无华见纯真

记得曾经在哪本书上看到过，一个人一天要吃上近 10 种颜色的蔬菜才好，否则就会营养不全。可是一天也很难做 10 道蔬菜啊，只能奇思妙想，把所有好看的蔬菜都集合在一起。

荷塘小炒，算是素食中的经典菜了，听这名字就是诗情画意的调调，颜值也是相当的秀气美丽，不过，它的做法特别接地气，谁都能轻松上手搞定。

这道菜以莲藕为主，加上荷兰豆、黑木耳和胡萝卜做配饰，多种健康蔬菜，营养均衡，味道鲜美，爽口清新。虽然制作简单，但是无论在营养上还是搭配色彩上都相当出众。纯素也可以让人食指大动，垂涎欲滴。因为要突出荷塘的清新和质朴，所以这道菜只需少许的盐提味即可，千万不能用深色的生抽或老抽，否则这盘菜就失去本色了。

如果想要这道菜更上档次，还可以再加一把新鲜鸡头米。鸡头米是苏州的特产，每年中秋节后上市，鸡头米本身不贵，最贵的是人工，因为一颗一颗地剥起来可真的是功夫活。所以，新鲜鸡头米的价格每年都在噌噌地往上蹿。

NOTE

1. 莲藕去皮后容易氧化，要放在清水里浸泡，也不能用铁锅炒。

2. 所有食材不能混合焯烫，否则会难以保持食材的脆爽口感。

3. 这道菜还可以多样化搭配，按照个人喜好放入颜色协调的食材。

荷塘小炒

参考分量　2~3 人份　　制作时间　15 分钟　　难易程度　★★☆☆☆

用料
Ingredients

藕 / 100 克

干黑木耳 / 5 克

胡萝卜 / 50 克

荷兰豆 / 100 克

调料
Seasoning

盐 / 1 克

油 / 10 毫升

做法
Steps

1. 莲藕去皮洗净，切成薄片，放在清水里浸泡。

2. 荷兰豆去茎去头去尾巴，洗净；黑木耳提前用冷水泡发1 小时，洗净撕成小块；胡萝卜去皮洗净，用花式刀切出花片。

3. 烧锅开水，烧开后依次把藕片、胡萝卜、荷兰豆和黑木耳放入焯水，捞出过凉，滤干水分。

4. 锅里倒油，等油烧至表面微微冒烟，把所有材料放入爆炒1 分钟左右，撒盐，翻炒均匀就能出锅。

咬一口就是满满的幸福

俗话说：好吃不过饺子。饺子是一种历史悠久的民间小吃，逢年过节，更是餐桌上不可或缺的吃食。

因为状似金元宝，春节吃饺子有"招财进宝"的寓意。饺子里有丰富的馅料，可以把各种吉祥如意的东西包到馅里，比如红枣、花生，甚至是硬币，以寄托对新的一年的祈望。

但是每次包饺子的时候，都会有一件烦恼的事情，就是馅料和饺子皮的比例总是拿捏不准，宁可多买点饺子皮也不想浪费更值钱的馅料。但饺子皮剩多了，自然也会心疼，虽然不贵但也不想浪费。

最常规的做法，就是用剩余的饺子皮来煮面皮汤，配上一点肉片和蔬菜，又成了一道美味的主食。但是还有很多更美味的做法，不懂你就亏大了。比如葱油饼、烧卖、炒面片、墨西哥虾饼、迷你比萨……每一道都是饺子皮的华丽转身，每一道都可以美成一道光。

最最简单的要属糖果烤肠了，酥脆的果皮配上 Q 弹的烤肠，一定会让你爱不释口。做早餐，做零食，做下午茶，都是很好的选择。

不浪费，花心思，巧妙地把手上的剩余食材变成又一道色香味俱全的美食，这是每一位煮妇需要终身学习的必修课。

NOTE

1. 炸的时候一定要注意用小火，否则容易造成饺子皮夹生没有炸透。

2. 下锅的时候，注意用筷子夹紧糖果烤肠的尾部封口处，大约 10 秒后可以放开，以免在油炸的过程中散开变形。

糖果烤肠

参考分量　3~4 人份　制作时间　20 分钟　难易程度　★☆☆☆☆

用料
Ingredients

饺子皮 / 10 张

小烤肠 / 10 根

调料
Seasoning

番茄沙司 / 10 克

油 / 适量

做法
Steps

1. 将饺子皮边缘捏薄，在饺子皮中间放入小烤肠，用饺子皮包裹住。

2. 轻轻扭转饺子皮的两侧定型。

3. 用叉子在饺子皮的两侧按压做造型。

4. 锅里倒油，等油烧至表面微微冒烟，转小火，把糖果烤肠放入锅里油炸，适当翻转，把糖果烤肠炸到金黄色即可，大约两分钟。沥油出锅，建议蘸番茄沙司吃。

食碗糖水，消暑气

每次去吃粤菜，即便吃到打饱嗝，我家老龚都不忘点上一份杨枝甘露，他说他就喜欢这酸甜清爽的味道，如果没有吃到杨枝甘露，这顿粤菜就不够完整。

据说杨枝甘露二十世纪 80 年代由香港的利苑酒家首创，将柚子拆成丝，杧果切成粒，拌在西米、椰浆、黑白淡奶及杧果泥中，冷藏后食用。同样叫杨枝甘露，可是每家餐厅做的却又有不一样，食材的新鲜程度和食材之间的配比，决定了一碗杨枝甘露是否好吃。

杧果不能挑选表皮发黑发皱的，要挑选杧果蒂可以按压下去的成熟杧果，只有成熟的杧果口感才会最佳。柚子的个头不一定要大，但是分量一定要足，代表水分多，而且柚子的表皮不能有凹陷，否则就是不新鲜了。

杨枝甘露名气虽响，但做法真的不难。只要准备好杧果、西柚、椰浆和西米这四种食材，自己在家也可以轻松做出港式甜品店的招牌。每到夏天，我家老龚就喜欢捧着一盆杨枝甘露大快朵颐，毕竟家里做的总是最美味的。

NOTE

1. 分两次煮小西米，可以让小西米更加 Q 弹。

2. 西柚相对比较苦涩，如果喜欢甜味的，可以换成其他品种的柚子，但是颜值就没那么高了。

3. 做好的杨枝甘露冷藏 30 分钟后再吃，味道会更好。

杨枝甘露

参考分量	4~6 人份	制作时间	40 分钟	难易程度	★★☆☆☆

用料
Ingredients

小西米 / 100 克　　　杧果泥 / 300 克

椰浆 / 100 克　　　　杧果粒适量

黑白淡奶 / 175 克　　西柚粒适量

调料
Seasoning

白砂糖 / 100 克

水 / 250 毫升

做法
Steps

1. 在锅里加入足量的清水，煮沸后加入小西米，一直保持沸水煮状态，一边煮一边搅拌，以防粘底。大约 10 分钟以后，把小西米取出，用清水把它冲洗干净。

2. 锅里再煮一锅水，沸腾后把小西米继续放入沸水里，大火煮 5 分钟左右，煮的过程继续搅拌，一直煮到小西米几乎完全透明，但中间还有小白点的状态关火，盖上锅盖焖 20 分钟左右，直至小西米变成全透明，将小西米取出后，马上用大量纯净水（冰水更佳）冲洗，沥干备用。

3. 取 100 克的白砂糖，加 250 毫升的水，煮沸后熄火，
　　倒入煮好的小西米冷却。

4. 等小西米降温到 40℃以下，加入淡奶油、椰浆和杧
　　果泥，搅拌均匀冷藏。吃的时候可以撒上适量的杧果
　　粒和西柚粒。

— Chapter 8

网红美食

有一首歌曾经红极一时："我在人民广场吃着炸鸡……"上海的人民广场，或许注定就是吃货们的集散地。除了歌曲里的炸鸡，还有网红鲍师傅、喜茶、杏花楼。有闲的，去排队，排队 8 小时等于上了一天班；有钱的，找黄牛，多花几十元买了别人的时间。

层层酥香扑面而来

记忆中的月饼包装简单，风味醇香，甜蜜酥软，似乎是童年最深刻的甜蜜味道。那时候，家里条件很一般，在月饼最火爆的时期，妈妈总会买上一两个我最爱吃的月饼，一刀切，一家人分着吃。

中秋节后，商场超市里的月饼纷纷开始打折促销，这时候妈妈才会买上很多我要吃的蛋黄莲蓉月饼，放在家里给我慢慢吃。那个香味到现在也是忘不了的，虽然品种单调，口味单一，但是传统的月饼才是记忆最深刻的甜蜜味道。

如今，大家的生活品质日益提高，月饼市场一年比一年热闹，今年更是出现：牛蛙月饼、榴梿月饼、小龙虾芝士月饼、十仁月饼、巧克力香辣牛肉月饼……月饼的创新演变，也是社会发展进步的一个缩影。

无论月饼的馅料如何改变，上海人最爱吃的还是鲜肉月饼，现做现卖的鲜肉月饼，朴实的酥皮里包裹着新鲜猪肉，咬一口便有温热的汤汁溢出，热腾腾的美味无比！

据说现在上海最火的一家卖鲜肉月饼的店，有些人凌晨三四点来排队，到了中午依然排不上，再加上黄牛的搅局让排队现场更加混乱，导致得排队 9 小时才能买到一盒新鲜出炉、热气腾腾的鲜肉月饼。

NOTE

1. 调制肉馅的时候，滴芝麻油可以锁住调制的味道，放入冰箱冷藏过夜可以让猪肉馅更加入味，降低包月饼的难度。

2. 在制作饼皮的过程中，一定要用保鲜膜覆盖，以免饼皮风干。

3. 在月饼表面刷上全蛋液，烘烤后的颜色像月饼，如果刷上蛋黄液，烘烤后的颜色就成蛋黄酥了。

4. 点红曲米水是为了好看，也可以不点。

鲜肉月饼

参考分量	3~4 人份	制作时间	60 分钟	难易程度	★★★★☆

用料
Ingredients

猪肉肉糜 / 250 克

中筋面粉 / 200 克

调料
Seasoning

猪肉馅 / 250 克

盐 / 10 克

葱姜水 / 200 毫升

鸡蛋 / 1 个

白胡椒粉 / 2 克

白砂糖 / 5 克

蚝油 / 10 毫升

生抽（酱油）/ 20 毫升

老抽（酱油）/ 10 毫升

芝麻油 / 10 毫升

油皮调料
猪油 / 40 克
沸水 / 35 毫升
麦芽糖 / 10 克

油酥调料
猪油 / 50 克

装饰调料
全蛋液 / 30 克
红曲米粉 / 10 克

做法
Steps

1. 调拌肉馅： 3 分肥 7 分瘦的猪肉馅，加盐顺着一个方向搅拌至黏稠。分次加入葱姜水，每次都要少量加入，搅拌至充分吸收再继续添加，直到猪肉馅上筋，筷子可以立入不倒；再加入 1 个鸡蛋，顺着一个方向搅拌均匀，加入少量白胡椒粉、白砂糖、蚝油、生抽、老抽，最后滴入少量芝麻油，搅拌均匀，放入冰箱冷藏过夜。

2. 把油皮中所有食材（100 克中筋面粉＋调料）混合彻底揉匀，油酥中的所有食材（100 克中筋面粉＋调料）混合彻底揉匀，盖上保鲜膜室温静置 30 分钟。

3. 油皮分成每份 24 克，油酥分成每份 16 克，分好后滚圆盖上保鲜膜以免风干。

4. 取一个油皮在掌心按扁，把油酥包裹其中，包起来封口朝下放置。用擀面杖把面团擀成牛舌状，卷起。

5. 全部做好后擀开再卷一次，然后静置 5 分钟。

6. 静置好后取一份，对折按扁，擀成中间厚四周薄的皮，光滑面朝下，包入调制好的肉馅（40 克），最后收口朝下。

7. 在月饼表面刷上全蛋液，把月饼放入预热后的烤箱，200℃，10 分钟取出；把红曲米粉用水调匀，用筷子点上少许红曲米水在月饼上按个红点；继续把月饼放入烤箱，200℃，15 分钟，完成。

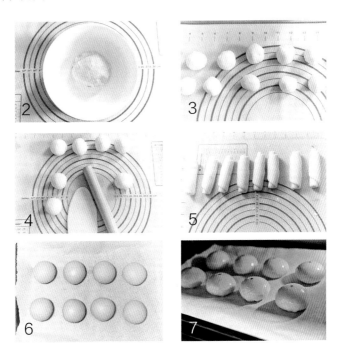

清香软糯一口一个

有一首歌曾经红极一时："我在人民广场吃着炸鸡……"上海的人民广场，或许注定就是吃货们的集散地。除了歌曲里的炸鸡，还有网红鲍师傅、喜茶、杏花楼。有闲的，去排队，排队 8 小时等于上了一天班；有钱的，找黄牛，多花几十元买了别人的时间。

每年的三月份，青团们在上海的街头陆续闪亮登场。吃青团的食俗，最早可以追溯到两千多年前的周朝。据史籍记载：春秋时期，晋文公感念忠臣之志，下令在介子推死难之日禁火寒食，以寄哀思。古人为适应寒食节禁火吃冷食的需要，创造出很多食品，其中就包括青团。现在在江浙一带还是非常流行。

传统的豆沙馅，改良的马兰头香干馅、雪菜笋丁肉末馅、荠菜肉馅，创新的咸蛋黄肉松馅、榴梿馅、腌笃鲜馅……层出不穷的各种馅料，只有你想不到的，没有商家做不到的。

除了内馅，青团的外皮也是相当讲究的。我通常喜欢用麦青汁和的糯米粉，用开水和的黏米粉，加上猪油一起揉捏成团。团好入笼，蒸熟后必须要刷一层薄薄的油在青团表面，高颜值的青团谁不爱呢？

看到这些绿莹莹、软糯糯的"小可爱"，让人忍不住咬上一口，清香温柔，糯韧绵软，似乎能品尝到春天的芬芳草香。

NOTE

1. 绿团、白团要和解冻后的猪油混合，否则面团揉不开。

2. 揉搓青团的手势和包汤圆一样。

3. 内馅还可以换成传统的豆沙和创新的咸菜笋丁肉末，都是很好吃的。

4. 未食用完的青团可以用保鲜膜包裹起来。

咸蛋黄肉松青团

参考分量 3~4 人份　　制作时间 60 分钟　　难易程度 ★ ★ ★ ★ ☆

用料
Ingredients

外皮

糯米粉 / 100 克

麦青汁 / 80 毫升

黏米粉 / 30 克

内馅

咸蛋黄 / 4 个

猪肉松 / 80 克

调料
Seasoning

外皮

开水 / 25 毫升

猪油 / 10 克

内馅

白酒 / 10 毫升

油 / 适量

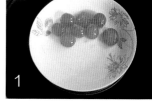

做法
Steps

1. 锅里烧水，水开后，把淋了白酒的咸蛋黄放进锅里蒸 15 分钟左右。

2. 锅里倒油，用手感受一下油温，等油热后把咸蛋黄放入锅里炒出油，再把猪肉松放入锅里炒散拌匀，按照每份 15 克的分量分团。

3. 糯米粉和麦青汁混合，揉成绿团。

4. 黏米粉和开水混合，揉成白团。绿团白团和猪油一起混合揉匀。

5. 把面团分份，每份 35 克，包裹馅料，揉搓均匀。

6. 放入蒸笼或蒸锅蒸 15 分钟左右，取出刷油，完成。

比粽子好吃一千倍

有一阵子，一种蛋蛋在朋友圈很是流行。这个蛋的神奇之处在于，它有着咸鸭蛋的外表和粽子的内心，而且馅料不仅有肉，还有搭配好的各种食材。剥开蛋壳，轻轻咬下去，每一口都充满了神秘和惊喜，不知道会吃到什么食材。

作为一名吃货，有一种情况是绝对不能忍的，那就是朋友圈有别人晒了我却还没吃过，并且看起来很美味的东西。糯米蛋就是这么出现在我的朋友圈里的。

中国的饮食文化博大精深，国人对食物的钻研总是孜孜不倦，不管是什么食材都能琢磨出各种各样的烹饪方法，一个咸鸭蛋也可以做出各种花样！对于我这种家里咸鸭蛋消灭速度最快的人来说，这个糯米蛋真是太合我意了！

好多人吃咸鸭蛋，只吃蛋清而不吃蛋黄，我恰恰相反，我只吃蛋黄，不吃蛋清。糯米蛋这种食物的存在，充分满足了我的需求！感恩可爱的吃货大众把它开发出来，而且在食材搭配上，除了有咸香流油的咸蛋黄外，还可以放自己喜欢吃的任何东西。

更有意思的是，如果要更有爱一些，可以在每枚糯米蛋上画上可爱的简笔画，或者写上几句吉祥如意的话，这样的糯米蛋做好了拿来送人也是很好的呢。

NOTE

1. 糯米尽量挑选圆糯米，口感会更加软糯。

2. 倒蛋清的时候，动作要轻，蛋清要倒干净，否则会很咸。

3. 灌糯米的时候不要灌太满，否则蒸好后糯米会胀出来。

4. 包裹锡箔纸的时候，锡箔纸从咸鸭蛋开口处罩住，往下包裹。

黄金糯米蛋

| 参考分量 | 3~4 人份 | 制作时间 | 90 分钟 | 难易程度 | ★ ★ ★ ☆ ☆ |

用料
Ingredients

咸鸭蛋 / 6 个

干香菇 / 10 克

糯米 / 60 克

五花肉 / 50 克

香肠 / 50 克

杂蔬（胡萝卜、青豆和玉米粒） / 30 克

调料
Seasoning

盐 / 3 克

白砂糖 / 5 克

生抽（酱油） / 20 毫升

老抽（酱油） / 10 毫升

料酒 / 5 毫升

八角 / 1 个

生姜 / 2 片

做法
Steps

1. 糯米洗净浸泡 3 个小时；干香菇洗净，冷水泡发 1 小时左右切丁；香肠、五花肉洗净切丁。

2. 五花肉用料酒、生抽、老抽、白砂糖、生姜、八角腌制 1 小时左右；糯米控干水，所有的食材放在锅里拌匀，放一点生抽（10 毫升）、老抽（5 毫升）、白砂糖（2 克）、盐混合拌匀。

3. 生咸鸭蛋洗干净，轻轻在小的那头敲一下，然后慢慢地剥开蛋壳，口子不要剥太大，把鸭蛋倒过来尽量把蛋清倒干净。把拌好的糯米等食材一起灌入生咸鸭蛋里，一边灌一边抖，灌到 8 分满就可以了。

4. 灌好糯米以后，用锡纸包裹生咸鸭蛋，包裹完上锅蒸 50 分钟左右，然后就可以撕掉锡纸开吃了。

夜市的精彩都在这里

在"知乎"上看到过一个问题：去台湾旅游，有哪些事情值得一做？有个答案说：在夜晚绝对不能错过的体验——台湾夜市。这让我不由得想起前几年去台湾，白天可以去这里去那里看风景，但到了晚上只有一件事情可以做，那就是逛夜市。而且为了能够多吃点，有时候甚至会一个晚上辗转于好几个夜市，从天黑吃到天亮。

台湾的夜市，可以说是一个只在晚上营业的巨型小吃城。无论去哪家夜市，你都可以尝到那些台湾的经典小吃，比如蚵仔煎、超级大鸡排、牛肉面、大肠包小肠等。可每座夜市又一定会有自己独有的主打招牌，让人不得不一个个尝下来。

其中有一样美食让我印象特别深刻，那就是鸡翅包饭。店招上写着各大综艺节目《康熙来了》《食尚玩家》《大口吃遍台湾》等栏目的疯狂报道与鼎力推荐，当然最好的口碑就是络绎不绝的人流队伍，简直是排队排到丧心病狂。

原来这东西就是，塞满米饭的鸡翅放上火炉多次翻烤，鸡翅的外表烤过之后香嫩多汁，饱满的馅料软嫩入味，糯米饭充分吸收了肉汁的鲜美，鸡肉又融入了饭粒的香甜。啃两个鸡翅，感觉就能喂饱自己。

回到上海，我就心心念念那晚的鸡翅包饭，心里惦念着这东西应该做起来不难，只是去骨的时候要有耐心，这样离大功告成就不远啦。

NOTE

1. 鸡翅关节处的皮比较容易破，在处理鸡翅关节的时候要小心点，不要扯破皮了。

2. 炒好的米饭要晾凉才能填进鸡翅里，否则烫的米饭容易烫熟生的鸡翅。

3. 米饭不要塞太多，在烹制的时候鸡翅会收缩，塞太满的话，鸡翅容易胀爆。

4. 每家的烤箱性能脾气不一样，所以第一次做的时候一定要站在烤箱旁边，随时观察。

鸡翅包饭

参考分量　2~3 人份　｜　制作时间　40 分钟　｜　难易程度　★★★☆☆

用料
Ingredients

鸡全翅 / 4 只

干香菇 / 5 个

杂蔬（胡萝卜、青豆和玉米粒）/ 30 克

洋葱 / 30 克

隔夜米饭 / 150 克

调料
Seasoning

奥尔良烤肉料 / 20 克

盐 / 5 克

白砂糖 / 5 克

生抽（酱油）/ 15 毫升

老抽（酱油）/ 10 毫升

蚝油 / 5 毫升

做法
Steps

1. 先处理鸡翅，把每个关节的骨头连接处折断，然后用剪刀将连着骨头的筋膜剪断，慢慢地把骨头取出来。

2. 用奥尔良烤肉料腌制鸡翅，用手抓匀，放进冰箱冷藏 5 个小时左右。

3. 洋葱切丁；干香菇洗净，提前用冷水泡发 1 小时左右切丁；锅里倒油，用手感受一下油温，等油热后，把洋葱、香菇和杂蔬依次放进锅里煸炒。

4. 再把隔夜米饭放入锅里打散，放入盐、白砂糖，倒入生抽、老抽炒匀，最后倒入蚝油拌匀，出锅晾凉。

5. 取出腌制好的鸡翅，把饭填进鸡翅里面，米饭不要塞太多，塞 2/3 就可以了，用牙签把口封好。

6. 烤箱预热后，用剩下的腌料，加一点油，搅拌均匀后刷在鸡翅表面，烤架上刷上一层油，将鸡翅码放在烤架上，放进烤箱里，180℃，烤 20 分钟；烤架刷油，将鸡翅翻面，用锡箔纸包住鸡翅尖，再烤 20 分钟就能开吃啦。

摘一朵云烤给你吃

网络上挺流行一道快手早餐，除了快手，更重要的是颜值高，发到朋友圈一定是惊艳无数人，收获无数赞。

蛋黄是太阳，蛋白是云朵，真的是美出天际的一片吐司，有了火烧云的加持，整片吐司的格调立马提升了好几个档次，让人立刻想要拿起来咬一口。

溏心蛋黄，表面柔软盈润，用叉子轻轻一戳，便会爆出微烫的蛋黄浆来。仿佛是用火烧出来的蛋白，看起来特别有质感。绵软的口感，香甜的味道，起伏之间还漂浮着一抹黄色，吃起来犹如棉花糖般的口感，让人意犹未尽。

简单的吐司，用点小心思，就能把它变成不普通的吐司。如果你愿意，你就能把它变成生活中的小确幸，点缀你的生活，有时候快乐就是这么简单。

比起在人前告诉全世界"我爱你"的轰轰烈烈，不如在背后默默为他做早餐来得细水长流更有爱呢。试想一下，能够在每天第一道日光下，为最爱的人做一份像日出火烧云那么美的吐司，是一件多么美好的事情呀！

NOTE

1. 喜欢吃有口味的吐司，可以先在吐司上撒调料或抹酱，再放蛋白。

2. 蛋白里面也可以加盐，根据个人口味来做。

3. 每家的烤箱性能脾气不一样，所以第一次做的时候一定要站在烤箱旁边，随时观察。

火烧云吐司

参考分量　2 人份　　制作时间　20 分钟　　难易程度　★ ★ ☆ ☆ ☆

用料
Ingredients

吐司 / 2 片

鸡蛋 / 2 个

调料
Seasoning

白砂糖 / 10 克

做法
Steps

1. 把蛋白和蛋黄分开，蛋黄不能弄破。

2. 蛋白里撒上白砂糖，用电动打蛋器打成硬性发泡的状态。

3. 把吐司放在烤盘里，把蛋白挖到吐司表面，用刮刀或勺子整形，中间挖坑，把蛋黄放进去。

4. 烤箱预热后，把摆好造型的吐司放进烤箱，140℃，烤 13~15 分钟出炉。

黄金满地嘎吱脆

人有时候容易陷入无限纠结中，比如我，明明知道油炸食品不健康，偏偏要在吃完正餐后，再点一份玉米烙，自动开启无视玉米烙油汪汪的模式；明明知道老龚不爱吃甜食，偏偏不死心，冒着一个人吃完一整个玉米烙的风险，毫无底气地让服务员来一个玉米烙，只想品尝它浓浓的奶香和酥酥的口感。

玉米烙，寓意金玉满堂，是一道美味又有好寓意的家常菜。想要玉米烙好吃，玉米粒必须要质量上乘。有条件的可以选择新鲜上市的水果玉米，想偷懒的话也可以用超市里的玉米罐头来做。调制面糊的比例也很重要，糯米粉和淀粉比例为最好 1:3，再淋入少许的牛奶拌匀。淀粉可以增加玉米粒的脆度，糯米粉可以增加玉米粒的黏性。

这道菜色泽金黄，入口香甜，外酥里嫩，回味无穷，而且非常简单易做，大家试了就知道。

NOTE

1. 要让每一颗玉米粒均匀裹上糯米粉、玉米淀粉、糖和牛奶的混合物，这样玉米粒才能煎透定型。

2. 把玉米粒铺满整个平底锅底部，可以借助铲子。

3. 对于新手来说，最好使用平底锅操作。

玉米烙

参考分量 2~3 人份　制作时间 20 分钟　难易程度 ★ ★ ★ ★ ☆

用料
Ingredients

玉米粒 / 300 克

调料
Seasoning

糯米粉 / 5 克　　　　白砂糖 / 10 克

玉米淀粉 / 15 克　　植物油 / 250 毫升

牛奶 / 2 毫升

做法
Steps

1. 把糯米粉、玉米淀粉、白砂糖（7 克）和玉米粒混合，倒入牛奶，轻轻地拌匀。

2. 锅里倒油，等油烧至表面微微冒烟，关火，把烧热的油倒出来。不用开火，把玉米粒均匀铺满整个平底锅底部，开小火，把玉米粒煎到定型。

3. 从平底锅的边缘慢慢淋入刚才烧好的热油，要让玉米烙都浸泡在油里，开始中火油炸，炸到玉米粒变成金黄色关火，用铲子把玉米烙铲起来放到吸油纸上吸油，最后撒白砂糖（3 克）、切块摆盘。

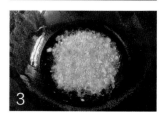

后记

从最早想要写这本书，到现在快要出版这本书，已经过去了两年半的时间。

从 2016 年、2017 年的不自信，到 2018 年的拼命写，再到 2019 年的很期待，让一切都成为如今最好的安排。

原本以为爱吃会做，就已经很厉害了。完全没有想到，美食和写作还能沾上边。

老龚一直提醒我，凡事必须要有记录，有记录才能有成长。而我身边也有一群靠码字成长的朋友，时不时地我都能汲取到榜样的力量。直到 2016 年 4 月，我终于磨磨唧唧地开通了微信公众号。

开通并不难，5 分钟就能搞定，最难的是坚持。写作初期是最痛苦的，要么没有素材可写，要么就是没人看没人留言。我当时的心态很好，反正没什么粉丝，可以随便写，尽情发挥，不断试错，顺便积累经验。无论如何，都要写！完成比完美重要，不写怎么知道自己不可以？当然，在输出的同时，也要有输入才行，否则经常会有血槽已空的感觉。

难过的时候，我选择写；开心的时候，我也选择写。不用花钱，不用出门，通过键盘仿佛可以写下整个世界。这世界如此喧嚣和浮躁，把心沉下来，安安静静地写，也是一份不可多得的快乐和满足。

写作犹如爬山，一步一个脚印地往上爬，视野变得越来越开阔，不断看到新的人和事物，产生新的感受和想法，对这个世界的认识也会发生巨大的变化。可以用一句歌词来形容：走过的世界那么小，未知的世界那么大。

做微信公众号犹如做一家餐厅，每一篇文章每一处细节，都能体现你的诚意和心意。要让读者感受到，这不是机器在写，而是一个有温度的人在经营。任何时候，走心的人一定比漫不经心的人成长得更快。

特别幸运的是，我不是一个人在写作，而是和一群人一起在写作。大到知识型 IP 训练营 1000+ 位小伙伴，小到上海小分队的 23 位小伙伴，大家在一起不仅仅只有吃喝玩乐，更多的是相互监督相互鼓劲，目标是自己定的，任务是自己领的，而且还要大声喊出来，完不成就要发红包。很多时候，抱团成长的能量会超乎你的想象。在这样的氛围下，如果不努力好好写，就会显得格格不入，甚至会被小伙伴们抛弃。我不想，也不愿。

正因为自己的这份坚持和用心，以及秋叶大叔、萧秋水、剽悍一只猫、杨小米、吉吉等朋友的帮助，我的微信公众号经营得越来越好，三年多时间我一共写了 300 多篇原创文章，有菜谱、探店、游记、心得，当然还有福利和推荐。

每写完一篇文章，都会有累趴不想再写的念头。但是，看到读者们一个个的赞、一笔笔赞赏、一条条留言、一群群转发，心中的喜悦之情犹如洪水猛兽般溢于言表。我告诉自己，唯有继续好好写，才能不辜负这份信任和关注。

现在大家都流行说：不忘初心。

不记得在哪里看过这么一句话：哪有什么初心，都是走着走着，才有了初心。

经过这三年多的摸爬滚打，我现在特别理解和赞同这句话。

最初我是被催促被影响，才决定开始写作，慢慢地对自己开始有了要求，除了会吃会做还要会写。顺境中我根本不会去感受什么是初心，但当我真的走过了崎岖坎坷的路，然后心中还抱着那团火，这个时候我才能说，我是真的热爱。

也希望看到这里的你，能够像我一样找到初心，寻找到属于自己的小幸福。

图书在版编目（CIP）数据

好好吃饭好好爱 / 沈小怡著 . -- 南京：江苏凤凰
科学技术出版社，2019.8（2019.9 重印）

ISBN 978-7-5713-0353-2

Ⅰ . ①好… Ⅱ . ①沈… Ⅲ . ①菜谱 Ⅳ .
① TS972.12

中国版本图书馆 CIP 数据核字 (2019) 第 100677 号

好好吃饭好好爱

著　　　者	沈小怡	
责 任 编 辑	李莹肖	
助 理 编 辑	刘小月	
责 任 校 对	郝慧华	
责 任 监 制	曹叶平　刘文洋	

出 版 发 行	江苏凤凰科学技术出版社
出 版 社 地 址	南京市湖南路 1 号 A 楼，邮编：210009
出 版 社 网 址	http://www.pspress.cn
印　　　刷	南京海兴印务有限公司

开　　　本	787mm×1 092mm　1/16
印　　　张	15.25
版　　　次	2019 年 8 月第 1 版
印　　　次	2019 年 9 月第 2 次印刷

标 准 书 号	ISBN 978-7-5713-0353-2
定　　　价	49.80 元